Práticas de Ensino e de Formação na Educação em Ciências e Matemática

UFPA

Reitor: Professor Dr. Emmanuel Zagury Tourinho

Vice-reitor: Professor Dr. Gilmar Pereira da Silva

Pró-Reitor de Administração: Raimundo da Costa Almeida

Pró-Reitora de Ensino de Graduação: Dra. Loiane Prado Verbicaro

Pró-Reitora de Pesquisa e Pós-graduação: Profª. Dra. Maria Iracilda da Cunha Sampaio

Pró-Reitor de Extensão: Prof. Dr. Nelson José de Souza Júnior

Pró-Reitor de Relações Internacionais: Prof. Dr. Edmar Tavares da Costa

Pró-Reitor de Desenvolvimento e Gestão de Pessoal: Ícaro Duarte Pastana

Pró-Reitora de Planejamento e Desenvolvimento Institucional: Cristina Kazumi Nakata Yoshino

---

INSTITUTO DE EDUCAÇÃO MATEMÁTICA E CIENTÍFICA

Diretor Geral: Prof. Dr. Eduardo Paiva de Pontes Vieira
Diretor Adjunto: Prof. Dr. Wilton Rabelo Pessoa

Pós-graduação IEMCI

Programa de Pós-graduação em Educação em Ciências e Matemáticas
Coordenador: Prof. Dr. Marcos Guilherme Moura Silva
Vice-coordenador: Prof. Dr. Tadeu Oliver Gonçalves

Programa de Pós-graduação em Docência em Educação em Ciências e Matemáticas
Coordenadora: Profa. Dra. France Fraiha-Martins
Vice-coordenador: Prof. Dr. Jesus de Nazaré Cardoso Brabo

Rede Amazônica de Educação em Ciências e Matemática
Coordenador Geral: Prof. Dr. Iran Abreu Mendes
Coordenadora Polo Acadêmico UFPA: Profa. Dra. Terezinha Valim Oliver Gonçalves

---

Conselho Editorial da Editora Livraria da Física

Amílcar Pinto Martins - Universidade Aberta de Portugal
Arthur Belford Powell - Rutgers University, Newark, USA
Carlos Aldemir Farias da Silva - Universidade Federal do Pará
Emmánuel Lizcano Fernandes - UNED, Madri
Iran Abreu Mendes - Universidade Federal do Pará
José D'Assunção Barros - Universidade Federal Rural do Rio de Janeiro
Luis Radford - Universidade Laurentienne, Canadá
Manoel de Campos Almeida - Pontifícia Universidade Católica do Paraná
Maria Aparecida Viggiani Bicudo - Universidade Estadual Paulista - UNESP/Rio Claro
Maria da Conceição Xavier de Almeida - Universidade Federal do Rio Grande do Norte
Maria do Socorro de Sousa - Universidade Federal do Ceará
Maria Luisa Oliveras - Universidade de Granada, Espanha
Maria Marly de Oliveira - Universidade Federal Rural de Pernambuco
Raquel Gonçalves-Maia - Universidade de Lisboa
Teresa Vergani - Universidade Aberta de Portugal

France Fraiha-Martins
Wilton Rabelo Pessoa
Nádia Magalhães da Silva Freitas
(Organizadores)

Práticas de Ensino e de Formação na Educação em Ciências e Matemática

2023

Copyright © 2023 os autores
1ª Edição

Direção editorial: José Roberto Marinho

Capa: Fabrício Ribeiro
Projeto gráfico e diagramação: Fabrício Ribeiro

Edição revisada segundo o Novo Acordo Ortográfico da Língua Portuguesa

Dados Internacionais de Catalogação na publicação (CIP)
(Câmara Brasileira do Livro, SP, Brasil)

Práticas de ensino e de formação na educação em ciências e matemática / organização France Fraiha-Martins, Wilton Rabelo Pessoa, Nádia Magalhães da Silva Freitas. – São Paulo: Livraria da Física, 2023.

Vários autores.
Bibliografia.
ISBN 978-65-5563-374-0

1. Artigos - Coletâneas 2. Educação - Brasil 3. Ensino superior (Pós-graduação) 4. Prática de ensino - Brasil 5. Professores de ciências - Formação profissional 6. Professores de matemática - Formação profissional I. Fraiha-Martins, France. II. Pessoa, Wilton Rabelo. III. Freitas, Nádia Magalhães da Silva.

23-172832 CDD-370.71

Índices para catálogo sistemático:
1. Professores: Formação contínua : Educação 370.71

Eliane de Freitas Leite - Bibliotecária - CRB 8/8415

Todos os direitos reservados. Nenhuma parte desta obra poderá ser reproduzida sejam quais forem os meios empregados sem a permissão da Editora.
Aos infratores aplicam-se as sanções previstas nos artigos 102, 104, 106 e 107 da Lei Nº 9.610, de 19 de fevereiro de 1998

LF Editorial
www.livrariadafisica.com.br
www.lfeditorial.com.br
(11) 3815-8688 | Loja do Instituto de Física da USP
(11) 3936-3413 | Editora

Sumário

Prefácio 7

Apresentação 9

Ativar e Manter o Interesse em Aulas de Química para EJA por meio de Diversificação de Estratégias de Ensino 11
Elzeni Oliveira da Silva
Jesus Cardoso Brabo

A Feira do Ver-o-Peso como um Espaço Não Formal e Interdisciplinar de Educação: experiências de elaboração de um guia didático 31
Gleyce Thamirys Chagas Lisboa
Nívia Magalhães da Silva Freitas
Nadia Magalhães da Silva Freitas

Sequência de Atividades com Enfoque em Representações Dinâmicas: uma alternativa para o ensino de semelhança de triângulos 45
Clara Alice Ferreira Cabral
Talita Carvalho Silva de Almeida

Era Uma Vez... Contar e Recontar Histórias: perspectivas para inclusão ... 63
Helen do Socorro Rodrigues Dias
Isabel Cristina França dos Santos Rodrigues

Atividades Práticas para o Ensino de Biodiversidade Genética no Ensino Médio: o uso do DNA barcode e de um modelo didático 81
Elson Silva de Sousa
Ana Cristina Pimentel Carneiro de Almeida

Scrapbook e Ensino de Ciências: utilização como recurso pedagógico no ensino de biologia no nível médio 101
Felipe Farias Pantoja
Eduardo Paiva de Pontes Vieira

Letramento em Linguagem e em Matemática por meio de Sequência Didática (SD): uma proposta oriunda de um produto educacional para o ensino de alunos do 1º ciclo de alfabetização 121

Rute Baia da Silva Ubagai
Elizabeth Cardoso Gerhardt Manfredo
Emília Pimenta Oliveira

Ensino e Aprendizagem de Matrizes no Contexto da Resolução de Problemas na Plataforma WhatsApp...143

Michel Silva dos Reis
Osvaldo dos Santos Barros

Investigação-Ação na Escola: um guia didático para formação contínua de professoras e professores que ensinam Ciências nos Anos Iniciais 165

Elias Brandão de Castro
Wilton Rabelo Pessoa

A Autoformação Reconfigurando a Educação Ambiental e o Ensino de Ciências...183

Maurenn Cristianne Araújo Nascimento
Terezinha Valim Oliver Gonçalves

Energia no Ensino de Ciências para os Anos Escolares Iniciais: uma proposta do ensino híbrido rotação por estações 203

Lêda Yumi Hirai
France Fraiha-Martins

Proposta Formativa para "Formadores de Professores e Professores em Exercício" dos/nos Anos Iniciais do Ensino Fundamental 219

Marita de Carvalho Frade
Arthur Gonçalves Machado Júnior
Walkiria Teixeira Guimarães

APRESENTAÇÃO DOS AUTORES...241

Prefácio

Ao ler as vivências, experiências e investigações desta obra, me fez pensar no difícil ser professor, ofício complexo concretizado em um cotidiano escolar de um coletivo que se projeta para um futuro, ainda que imaginário, de um mundo melhor. Eis aqui, um lugar sempre invocado, cujo caminho por vezes reflete um contexto incerto para um maior desenvolvimento profissional docente, mas que precisa ser apontando para práticas de ensino e formação na educação, como as encontradas neste livro.

Seguindo ainda no mergulhar de minhas reflexões e de braços dados com os escritores desta obra, senti-me e coloquei-me no lugar em que se transforma palavras escritas em ações transformadoras do diálogo e do pensar crítico que envolve a inquebrantável relação da qualidade de ensino e a formação do professor. Permeado o texto com resultados tangíveis, observo em todo seu enredo múltiplas formas de construir práticas que opera para uma educação em Ciências e Matemática rumo a autonomia oriunda da formação.

É justa a preocupação dos autores em compartilhar discussões e construções de estratégias de ensino e itinerários formativos para uma área que permeia toda a vida humana, as Ciências e a Matemática. Em que, independentemente do nível educacional há muito por pesquisar, aprofundar e formar, especialmente na Amazônia, onde se faça cumprir agendas de pesquisas que vai muito além do aprender de informações científicas, mas, que reflita características culturais, intelectuais, tecnológicas e de linguagem e assim alcançarmos patamares progressivamente melhores.

Estou feliz neste lugar que estou, esboçar aos próximos leitores a alegria ao conhecer 12 capítulos reunidos que tecem e discutem questões relacionadas a educação tendo o homem não como objeto passivo, e sim reconhecendo-o como um ser social. Pelos capítulos senti-me como em visita em diferentes temas que se entrelaçam no alcançar do êxito da prática e formação docente.

Perpassei por aulas de química para Educação de Jovens e Adultos, visitei o Ver-o-Peso como espaço interdisciplinar de ensino, conheci a representações dinâmicas da matemática e tive alguns reencontros com histórias de inclusão. Cheguei embarcar no mundo da biodiversidade permeada pela orientação

Ciência, Tecnologia e Sociedade (CTS), onde vislumbrei enigmáticos álbuns de recortes citológicos. E ainda, no percorrer da obra encantei-me com letramento em linguagem e em matemática e vi de forma tão clara resolução de problemas de matrizes na plataforma WhatsApp!

E quando me inquietei na formação docente, lá estava a Investigação-Ação na escola, a reconfiguração da educação ambiental pela autoformação, valorizando a própria comunidade de prática docente. Visitei estações de um ensino híbridos, um gatilho para o novo, e ainda percorri por uma proposta formativa docente relacionadas ao ensino, aprendizagem e avaliação de geometria para os anos iniciais do Ensino Fundamental.

Anseio aos que lerem este livro, que aconteça o que aconteceu comigo: o desejo de fazer docência ancorado no coração e mente, ampliando aspectos da minha formação como um dos principais elementos que podem nos levar ao mundo melhor, não no sentido da responsabilização, mas como o alcançar da transformação de si.

Ao final deste livro, nossos olhos são outros...

Profa. Luely Oliveira da Silva

Apresentação

Esta coletânea de artigos é resultante de pesquisas desenvolvidas no âmbito do Programa Profissional de Pós-Graduação em Docência em Educação em Ciências e Matemáticas (PPGDOC), do Instituto de Educação Matemática e Científica (IEMCI), da Universidade Federal do Pará (UFPA). Vale ressaltar que, de modo geral, os Programas Profissionais destinam-se aos profissionais da Educação Básica e, além das pesquisas propiciadas, geram processos e produtos educacionais de abrangência local, regional ou nacional, visando atender as demandas sociais emergentes.

Portanto, nesta obra, reúnem-se artigos no âmbito práticas de ensino e de formação de professores que ensinam Ciências (química, física e biologia) e Matemática que revelam não só processos investigativos neste contexto, mas também indicativos dos produtos educacionais elaborados por meio do PPGDOC.

Os primeiros autores dos artigos aqui publicados são Professores da Educação Básica, que investem na própria formação *stricto sensu* ao tornarem-se pós-graduandos do PPGDOC, assumindo para si a necessidade e responsabilidade de formar-se continuadamente com vistas à reelaboração das próprias práticas e às melhorias da qualidade do ensino que realizam, ainda que as condições de trabalho, a valorização profissional e o não financiamento para a (auto)formação sejam desfavoráveis. A eles nossa admiração e congratulações.

Durante o processo de formação pós-graduada, esses Professores constituem-se pesquisadores da própria prática, cujas pesquisas e produtos educacionais incidem sobre as problemáticas ocorridas na sala de aula ou na formação de professores no contexto em que atuam. Nesse movimento, se desenvolvem profissionalmente, avançam nas ações cotidianas, e tendem a tornarem-se lideranças nos espaços educativos em que atuam, ampliando assim a rede de formação de professores para o ensino de Ciências e Matemática.

Isto porque, o PPGDOC tem como Missão "Formar professores pesquisadores de sua própria prática com vistas à docência de Ciências e Matemática na Educação Básica e Superior com capacidade analítica, crítica e de nucleação de docentes locais como agentes de transformação, a fim de contribuir para a promoção uma sociedade mais justa, economicamente viável e ambientalmente sustentável".

Sendo assim, desejamos que esta coletânea seja um convite para um (re)encontro com estudos e pesquisas na área do ensino de Ciências e Matemática, mas também incentivo a outros profissionais da educação a investirem na própria formação ao considerarem a possibilidade de produção científica – pesquisa e produto educacional – por Professores da Educação Básica.

Desejamos boa leitura a todos.

Os organizadores.

Ativar e Manter o Interesse em Aulas de Química para EJA por meio de Diversificação de Estratégias de Ensino

Elzeni Oliveira da Silva
Jesus Cardoso Brabo

A chamada Educação de Jovens e Adultos (EJA) ainda é um grande desafio no Brasil. O último levantamento do Instituto Brasileiro de Geografia e Estatística mostrou que 65,9 milhões de pessoas com mais de 15 anos não frequentavam a escola e não concluíram o ensino fundamental completo, das quais 12,9 milhões foram consideradas analfabetas (IBGE, PNAD 2011).

Além do problema da grande demanda, a EJA também enfrenta o desafio de melhorar sua qualidade e utilidade. Historicamente essa modalidade de ensino sofreu diversas reformulações curriculares e organizacionais (HADDAD, 2009), passando de um modelo de ensino que visava apenas a alfabetização instrumental (saber ler, escrever e fazer cálculos) para um modelo que visa assegurar o chamado letramento, entendido como o desenvolvimento de habilidades, conhecimentos e atitudes que favoreçam o uso de conhecimentos nas mais diversas práticas sociais, ou seja, ensinar não apenas a "leitura da palavra", mas sim a "leitura de mundo" (BRASIL, 2002).

A diferença de idade é apenas um dos fatores que devem ser considerados, já que grande parte dos estudantes de EJA são pessoas que tiveram a sua vida escolar interrompida por força de circunstâncias do tipo: ter que auxiliar no sustento da família, cuidar da nova família formada, sofrer pressão do cônjuge para sair da escola, não dispor de recurso financeiro para se manter na escola, ter histórico de repetência e sérias dificuldades de aprendizagem e adaptação escolar etc. Na maioria das vezes, o retorno dos adultos à escola acontece justamente por conta das dificuldades sociais e de inserção no mercado de trabalho que a falta de estudos acaba implicando (BRASIL, 2002).

As coisas complicam um pouco mais quando se trata de ensinar Química para alunos dessa modalidade. Estudos realizados sobre o ensino de Química no Brasil e no exterior têm mostrado, entre outras coisas, que a Química como disciplina da educação básica e até mesmo universitária é considerada impopular e irrelevante aos olhos dos estudantes (KRAJCIK et al, 2001); que, do jeito que é frequentemente apresentada, não promove habilidades cognitivas de ordem superior (ZOLLER, 1993); que os alunos acabam aprendendo coisas que não correspondem ao que os professores de química desejam que eles realmente aprendam (ÖZMEN, 2004); que o ensino de química, de uma maneira geral, não está mudando, principalmente porque os professores têm medo da mudança e precisam de orientação (MALDANER, 1999). Para piorar, todas essas dificuldades referem-se a pesquisas realizadas com estudantes da educação regular. Nas turmas de EJA, frequentemente, mesmo aqueles estudantes que conseguem tirar boas notas em disciplinas de ciências naturais, apresentam dificuldade de interpretar textos ou explicações de conhecimentos científicos e tecnológicos relacionados à Química e/ou dificuldade de aplicar em situações concretas as fórmulas, nomes e diagramas memorizados durante as aulas (VERONEZ, VERONEZ, RECENA, 2009).

Este trabalho apresenta fundamentos teóricos e um exemplo de uma sequência didática de introdução à Química, voltada especificamente para turmas de EJA. Um produto educacional baseado em sugestões de pesquisas contemporâneas da área de ensino de Química e em recomendações das atuais Diretrizes Curriculares Nacionais para a Educação Básica (BRASIL, 2013). Durante a elaboração da sequência didática proposta, procurou-se abordar os problemas relacionados à dificuldade dos alunos da EJA em compreender que a disciplina Química está presente em seu dia a dia e, diante disso, quais seriam as estratégias didáticas que, mais apropriadamente, poderiam ser utilizadas para contornar os problemas detectados.

O resultado de algumas pesquisas recentes sobre ensino de Química na EJA, como as de Costa, Azevedo e Del Pino (2017) e Figueiredo et al (2017), têm apontado a diversificação da natureza das atividades educativas como um princípio didático importante. Além disso, uma revisão de um número considerável de estudos internacionais sobre interesse dos alunos em aulas de ciências, realizada por Jack e Lin (2017), concluiu que a melhor forma de atrair e manter o interesse dos alunos nas aulas (um fator essencial para aprendizagem) é justamente a diversificação de estratégias didáticas.

Considerando as razões expostas, sugestões didáticas de estratégias do tipo Mão na massa (SCHIEL, 2005) e Prediga, Observe e Explique - POE (WHITE e GUNSTONE, 1992; HAYSON, BOWEN, 2010) foram utilizadas para compor tarefas didáticas predominantemente dialogadas, onde questões e hipóteses são postas em discussão e submetidas a testes empíricos ou escrutínio argumentativo, ao mesmo tempo que os estudantes são estimulados a pensar sobre o assunto, expor e debater suas ideias prévias e fazer registros em forma de textos, mapas conceituais, esquemas, quadro sinópticos etc.

Como manter o interesse de alunos em aulas de Ciências/ Química?

Uma revisão de pesquisas sobre interesse em aulas de ciências de escolas americanas e europeias, relativamente recente, desenvolvido por Potvin e Hasni (2014), demonstrou que o período de chave durante o qual o interesse dos alunos em aprender ciências começa a declinar ocorre na transição entre o ensino fundamental e o ensino médio. As pesquisas revisadas indicam que esse declínio ocorre principalmente devido ao excesso de ênfase no desempenho acadêmico dos alunos nas avaliações escolares e ao fracasso em promover entre os estudantes uma compreensão da utilidade do ensino escolar em suas vidas pessoais e/ou profissionais.

Segundo Potvin e Hasni (2014), a ênfase exagerada no desempenho acadêmico acaba dificultando que os estudantes apreciem de forma mais efetiva a beleza e poder sublime da ciência como uma representação racional dos fenômenos naturais. Essa falta de sensibilidade e interesse pela ciência transportam-se para a vida adulta dos estudantes e os impede de perceber desde cedo como a aprendizagem da ciência amplia experiência pessoal e oportunidades de intercâmbios socioculturais; sufoca o prazer e interesse em aprender a ciência ao longo da vida e, consequentemente, dificulta o exercício pleno da cidadania, principalmente quando este envolve a tomada de decisão sobre assuntos de interesse social que requerem domínio de conhecimentos científicos.

Embora os jovens possam demonstrar desinteresse pelos temas vistos em salas de aula, isso não quer dizer que eles realmente não se interessam por assuntos científicos. Uma pesquisa realizada por Osborne e Collins (2001) mostrou que crianças e jovens da Inglaterra, por exemplo, são relativamente bem predispostos e tem interesse em aprender ciências, mas não da forma como é apresentada em sala de aula. Nesse caso, a tarefa não é, portanto, criar interesse, mas redirecioná-lo ao conteúdo da ciência escolar. Aproximando, de maneira adequada, o conhecimento pessoal dos estudantes dos problemas, métodos e atitudes científicas que gostaríamos que aprendessem.

O interesse é essencial para o engajamento. Segundo Krappa e Prenzel (2011), em geral, quando cientistas renomados são perguntados sobre o porquê de dedicarem a vida a examinar fenômenos científicos, respondem: queremos saber como as coisas funcionam – nos interessa. Ou seja, o interesse pelo conhecimento é a força motriz por trás da pesquisa. Nesse sentido, o grande desafio dos professores seria despertar o interesse dos alunos para a experiência de prazer e fascínio que a descoberta pessoal possibilita. Isso não só tornaria a aprendizagem da ciência genuína e individualmente interessante, mas também permitiria a realização de aprendizagem como uma conquista pessoal, não somente uma obrigação escolar.

Com o intuito de sistematizar informações a respeito do interesse dos estudantes, Jack e Lin (2017) reuniram e compararam estudos a respeito do interesse dos estudantes sobre diferentes estratégias de ensino em aulas de ciências e outras disciplinas. A ideia básica deste estudo é que, assim, como um fazendeiro hábil intercede para controlar a acidez e alcalinidade do solo para promover o melhor potencial de crescimento natural de plantas, ao professor de ciências caberia a tarefa crítica de selecionar as melhores estratégias e materiais instrucionais para melhor explorar, satisfazer e agradar aos interesses dos alunos (JACK, LIN, 2017).

Após revisar, em diferentes bases de dados internacionais, pesquisas e artigos de revisão sobre o tema (estratégias de ensino que mais despertam interesse dos estudantes), Jack e Lin (2017) destacaram três artigos de revisão, cujos resultados, contrastados entre si, apontam nove estratégias instrucionais específicas que têm o potencial de tornar a aprendizagem da ciência mais interessante (Tabela 1):

Tabela 1: Tipos de estratégias que tornam as aulas de ciências mais interessantes

Estratégia	Qutub (1972)	Hootstein (1994)	Zahorik (1996)
Envolvimento Pessoal	X	X	X
Significativamente relevante	X	X	X
Novidade/desafio	X	X	
Autonomia	X	X	
Professor-aluno	X		X
Confiança estudantil	X		
Insight anedótico			X
Trabalho em grupo			X
Variedade			X

Fonte: Jack e Lin (2017)

Como se pode ver na tabela 1, entre os nove principais tipos de estratégias didáticas que as pesquisas citadas demonstraram ser mais interessantes para os estudantes, duas delas – atividades significativamente relevantes e que as requerem envolvimento pessoal – aparecem nos três artigos de revisão mencionados e três delas – novidade/desafio, autonomia e professor-aluno – aparecem em pelo menos dois.

Cada um dos nove itens mostrados na tabela 1, na verdade são uma espécie de rótulo para um conjunto de expedientes didáticos utilizados pelos professores, que não se excluem mutuamente. A fim de esclarecer do que se trata, vale a pena ver como Jack e Lin (2017) definiram cada um desses rótulos:

Envolvimento pessoal rotula um conjunto de estratégias que demanda uma ativa participação em atividades, engajando em diferentes tipos de atividades de resolução de problemas e/ou elaboração de produtos que não se restrinjam a meros trabalhos escolares para fins avaliativos, mas tenham utilidade além da sala de aula (textos, vídeos, campanhas, relatórios de pesquisas etc.).

Estratégias de cunho significativamente relevantes envolvem os estudantes em tarefas relacionadas aos interesses e conhecimentos prévios deles, o que implica em uma participação ativa na compreensão do assunto que está sendo objeto de estudo. Novidade/desafio, como o próprio rótulo sugere, são aquelas tarefas que surpreendem ou desafiam os alunos, conectando-os emocionalmente ao tema, através da diversão ou surpresa provocada pela experiência de aprendizagem. Atividades que estimulam a autonomia também despertam interesse dos estudantes, uma vez que exigem que eles se encarreguem de tarefas que implicam a divisão de responsabilidades para execução de uma determinada finalidade educativa.

O conjunto de estratégias sob o rótulo professor-aluno incluem ações do tipo: (a) dar atenção pessoal aos alunos para ajudá-los a superar suas dificuldades de aprendizagem; (b) informar claramente aos estudantes o que se espera que aprendam e cobrar de acordo; (c) dar espaço e respeitar a participação e opiniões dos estudantes; (d) permitir que os estudantes disponham de tempo adequado para refletir sobre o que aprenderam, (e) evitar o tédio e melhorar o engajamento, ao ponderar eventuais concepções alternativas dos estudantes e (f) criar atividades de aprendizagem que sejam divertidas e agradáveis.

Atividades rotuladas como confiança estudantil estão relacionadas à atitude dos professores em demonstrar respeito e valorizar dúvidas e opiniões dos estudantes, permitindo-lhes compartilhar abertamente as suas ideias com colegas, sem medo de represálias, e fazer perguntas sobre informações ou conceitos que eles têm dificuldade em compreender. Isso permite que os estudantes possam aprender a partir de situações inesperadas, e os incentiva a ir além do que é trazido pelo professor. Dando-os oportunidades para experimentar o prazer do sentimento de interesse genuíno na própria atividade instrutiva.

Insights anedóticos, se referem às situações nas quais os professores (ou pessoas convidadas) descrevem experiências pessoais (ou históricas) – geralmente em tom humorístico, descontraído e entusiasmado – estimulando os estudantes a vivenciarem a emoção pessoal do que está sendo narrado e, assim, prepará-los para aprender mais sobre o conteúdo de ciência que possa estar relacionado ao caso. Trabalho em grupo são as tarefas de interações interpessoais entre estudantes que fornecem oportunidades para produção de artefatos e permitem tornar a aprendizagem dos estudantes visível para eles, para outros colegas e para o professor.

A variedade refere-se ao uso de diferentes objetos ou aparatos para ajudar os estudantes a pensar mais profundamente sobre o tema, tais como quebra-cabeças, jogos, animações de computador, trabalhos de campo etc. A adoção do princípio do uso de variedade, em tese, possibilita que o professor tenha maiores chances de atender as distintas expectativas de aprendizagem de estudantes com diferentes estilos de aprendizagem. Em suma, segundo Jack e Lin (2017), os dados da Tabela 1 sugerem que o interesse na aprendizagem escolar requer dos estudantes: (1) engajamento pessoal ativo, (2) compreensão significativa da relevância cognitiva do assunto a ser estudado, (3) experiências emocionais divertidas ou que causem surpresas e (4) relações socialmente positivas de apoio dos professores e colegas.

Em um estudo anterior (JACK, LIN, 2014), os mesmos autores encontraram um padrão consistente de três estímulos-chave para a instrução: (1) novidade, (2) envolvimento e (3) significação. Com isso, postularam que, quando esses três estímulos educacionais específicos são combinados em sala de aula, um Triângulo de Combustão de Interesse é formado e pode transformar o estado inicial de desinteresse em aprender a ciência para um estado de interesse, envolvimento e aprendizagem de conteúdos científicos.

Como manter o interesse de alunos em aulas de ciências?

De posse da informação de quais tipos de estratégias podem ser utilizadas para despertar o interesse dos alunos, ativando o *Triângulo de Combustão de Interesse* sugerido por Jack e Lin (2014, 2017), decidiu-se compor um conjunto de atividades para ensinar conceitos básicos de Química para alunos da EJA. A intenção foi utilizar as ideias sobre estratégias didáticas mais interessantes e recomendações curriculares atuais (BRASIL, 2002 e BRASIL, 2013) para compor as atividades de introdução à Química, com o intuito contornar os problemas de desmotivação e desinteresse dos estudantes, engajando-os cognitiva e emocionalmente nas tarefas didáticas e, assim, aumentar as chances de aprendizagem dos conhecimentos e habilidades científicas almejadas.

A partir de então, com o intuito de fornecer um direcionamento para a elaboração das atividades do módulo, foi elaborada a seguinte lista de princípios didáticos de referência:

- Diversificar a natureza das atividades: e assim potencializar o fator surpresa/novidade nas aulas, fazendo com que os estudantes fiquem curiosos sobre "o que professor vai inventar hoje?". Além disso, evitará a monotonia do uso exclusivo ou exagerado de qualquer que seja a estratégia didática.

- Dar oportunidades para que os estudantes tomem consciência de seus eventuais conhecimentos prévios e contrastá-los com hipóteses cientificamente aceitas ao longo da História da ciência. Isso lhes possibilitará entender a natureza e a função das hipóteses científicas e suas relações com eventuais evidências empíricas de confirmação ou descarte das hipóteses, tornando os conceitos apresentados mais significativamente relevantes.

- Estimular a exposição de dúvidas que surgirem durante as aulas, ainda que pareçam triviais. Mesmo que o professor não seja capaz de respondê-las de forma imediata, tais dúvidas podem ser objeto de discussão em aulas posteriores ou pesquisa bibliográfica dos próprios alunos. Estimulando assim o envolvimento pessoal dos estudantes nas atividades e a confiança em si e no professor.

- Incentivar a prática do diálogo aberto e respeitoso sobre ideias: fazendo os estudantes perceberem que mesmo ideias equivocadas ou aparentemente triviais podem servir como base para aprendizado de conhecimentos científicos, fazendo-os praticar uso de diferentes tipos de argumentos, mostrando as diferenças e aplicações de cada um deles (descrições, inferências, categorizações, falácias etc.).

- Dar oportunidades para que os estudantes produzam e organizem seus próprios dados de forma autônoma. Uma prática típica do cotidiano científico que poderá ajudá-los a perceber de onde vem e como esses dados são obtidos e organizados, além de ajudá-los a compreender como se interpreta às tabelas e gráficos nos textos didáticos de química ou mesmo aqueles veiculados no noticiário impresso ou televisivo.

- Utilizar atividades do tipo mão na massa (*hands-on*), dando oportunidades nas quais os estudantes tenham contato e manipulem aparatos de química, que, além de estimular a curiosidade, poderá dar-lhes a noção de como, de onde vem e para que servem os objetos que eventualmente são ilustrados em livros de Química.

- Praticar leituras direcionadas de textos informativos: ensinando-lhe e dando-lhes oportunidades de prática a marcação de trechos importantes, elaboração de dúvidas, produção de sínteses ou tópicos e a interconversão de texto em esquemas (mapas conceituais, sumários, organogramas etc.)

- Sempre que possível, apresentar e discutir aspectos históricos e/ou sociais (contexto da descoberta, aplicações tecnológicas, impactos ambientais, controvérsias científicas ou sociais) relacionados ao assunto que está sendo estudado em aula, utilizando de *insights* anedóticos, vídeos ou textos jornalísticos sobre o assunto.

- Fornecer *feedback* sobre as previsões, hipóteses e explicações apresentadas: através da exposição e discussão de algumas das respostas em sala os estudantes poderão tomar consciência de eventuais acertos e equívocos e assim procurar não repetir eventuais erros de interpretação, raciocínio, ortografia, gramática, representação etc. Para evitar possíveis constrangimentos relacionados a esse tipo de atividade, pode-se optar em comentar as respostas sem identificar quem as elaborou.

Prediga, Observe e Explique – P.O.E. (WHITE e GUNSTONE, 1992) e atividades do tipo Mão na Massa (SAINT-FONS et al, 2005) foram duas das estratégias didáticas disponíveis na literatura da área de Educação em Ciências que, a nosso ver, estão relativamente de acordo com a maioria das recomendações acima listadas. Ambas foram pensadas e têm sido amplamente utilizadas especificamente em aulas de ciências da educação básica, possuem etapas de explicitação e discussão de conhecimentos prévios, possibilitam a manipulação de materiais e trabalho em grupo, entre outras vantagens didáticas. Para fins de esclarecimento, a seguir, serão apresentados alguns pormenores de cada uma dessas estratégias.

P.O.E. - Prediga, Observe e Explique

A chamada estratégia Prediga, Observe e Explique - P.O.E. (ou simplesmente POE) originalmente foi elaborada com uma técnica de pesquisa das chamadas concepções alternativas (CHAMPANHE, KLOPFER, ANDERSON, 1980; GUNSTONE, WHITE, 1981) e logo em seguida foi adaptada para uso em aulas de ciências naturais.

Consiste em inicialmente descrever o passo a passo de um fenômeno ou experimento científico, cujos desdobramentos possam causar uma certa dose de surpresa aos estudantes, apresentando e explicando a função de cada aparato e substâncias utilizados no experimento.

Em seguida, antes de completar todos os passos anunciados, o professor estimula os estudantes a elaborar e registrar (de forma escrita, desenhada ou esquemática) previsões sobre o que eles acham que vai acontecer após a execução de determinados passos. Tais previsões devem ser acompanhadas das possíveis razões/causas imaginadas pelos estudantes.

Logo em seguida, o professor realiza os passos para completar o que foi anunciado e pede aos estudantes que observem o que de fato aconteceu, fazendo-os debater os resultados com base em suas previsões e tentar conciliar possíveis conflitos entre previsão e observação (WHITE, GUNSTONE, 1992).

Após o debate e eventuais repetições de alguns passos do experimento e/ou modificações de variáveis para testes de novas hipóteses – que eventualmente possam surgir durante o debate sobre o que efetivamente foi observado – o professor sintetiza as ideias apresentadas pelos diferentes grupos e/ou indivíduos e expõem a explicação cientificamente aceita do fenômeno em questão, chamando atenção para eventuais limitações ou falhas das hipóteses alternativas que tenham sido apresentadas durante a atividade.

O princípio construtivista de que todas as observações são carregadas de teoria está na base de elaboração do POE, uma vez que pesquisas como as Tamir (1977) haviam detectado que a simples execução de trabalhos práticos de laboratório não garantia a adoção de uma perspectiva teórica cientificamente correta e que era necessário que eventuais conhecimento prévios dos alunos fossem considerados, tornando as atividades práticas uma ocasião para reflexão sobre observações e experiências, engajamento no processo de construção de conhecimento e, consequente, compreensão mais efetiva dos fenômenos e teorias abordados.

Para atingir este objetivo, Gunstone e White (1981) sugeriram que, em aulas no laboratório ou similares, os alunos deveriam ter oportunidades para refletir sobre suas descobertas, esclarecer entendimentos e desentendimentos com colegas e consultar um conjunto de recursos que incluem professores, livros e outros materiais didáticos. Já que, segundo esses autores, raramente existiam tais oportunidades, porque os professores acabavam se preocupando mais com atividades técnicas e gerenciais em laboratório do que efetivamente com que os estudantes poderiam aprender com os experimentos.

Segundo White e Gunstone (1992), a técnica POE tem se revelado uma poderosa ferramenta de ensino-aprendizagem, especialmente para as turmas de ciências físicas do nível médio e superior. Ao longo dos últimos 25 anos, a técnica POE. vem sendo usada tanto como instrumento de coleta de concepções alternativas quanto como inovação didática para aulas práticas (HAYSON e BOWEN, 2010) e mesmo como modelo para criação de ambientes de simulação computacional de experimentos (KEARNEY, 2004; AKPINAR, 2014).

Um estudo desenvolvido por Brabo, Cajueiro e Vieira (2017) mostrou que é possível adaptar experimentos científicos clássicos e transformá-los em atividades do tipo POE. No entanto, não pode ser qualquer experimento. Necessariamente, deve ser uma situação estimulante e desafiadora para os estudantes e que, de preferência, o fenômeno estudado possa ser observado instantaneamente (ou no intervalo de duração da aula) e, ao mesmo tempo, não seja óbvio para os estudantes. Naturalmente, os professores devem conhecer e estar preparados para manipular com segurança aparatos científicos e/ou substâncias químicas. Além disso, o professor deve estar preparado para gerir as discussões que possam decorrer em torno das discrepâncias ou congruências das hipóteses apresentadas pelos estudantes para explicar suas previsões. Finalmente, condições de infraestrutura escolar e disponibilidade de materiais são fatores que podem dificultar a utilização da referida técnica (e de outras tantas) em qualquer nível ou contexto de ensino.

Mão na Massa (La main à la patê)

O chamado projeto Mão na Massa (*La main à la patê*) é uma iniciativa de educadores franceses, liderados pela Prêmio Nobel de Física Georges Charpack, cujo objetivo é revitalizar o ensino de ciências nas escolas de educação básica, disseminando e desenvolvendo um conjunto de sugestões didáticas e atividades do tipo *hands-on*, que estimulam a investigação de fenômenos e conceitos científicos, partindo de atividades experimentais de fácil realização e estimulando o desenvolvimento do raciocínio lógico e da linguagem oral e escrita (SCHIEL, 2005).

O projeto teve início em 1995, mediante o apoio e financiamento da Academia Francesa de Ciências. Atualmente faz parte do rol de projetos apoiados pelo *Inter-Academy Panel* - IAP, órgão mundial das academias de Ciências e tem sido disseminado para diversos países no mundo. No Brasil o programa é desenvolvido desde 2001, com a denominação de *ABC na Educação Científica*, sob os auspícios da Academia Brasileira de Ciências.

Os autores do projeto *Mão na massa* reiteram que, diferentemente do que muitos educadores possam pensar, os experimentos das atividades não foram propostos apenas com o objetivo de servir como mera demonstração de aplicação de determinado conceito ou teoria. Sua real função é motivar e mobilizar os alunos a questionar, manipular e buscar explicações para o que está sendo observado, testando *in loco* eventuais hipóteses explicativas que surgem durante a realização da atividade. Enquanto isso, os estudantes são estimulados a registrar em forma de texto, desenhos e/ou esquemas os que observavam, suas questões e eventuais explicações.

Os autores do projeto possuem diversos livros com atividades elaboradas e testadas em escolas da França, Brasil e em outros países do Mundo, mas também realizam eventos para disseminar e resultados dos projetos com o objetivo de estimular professores da educação básica a produzirem, testarem e apresentarem os resultados suas próprias atividades "mão na massa", de acordo com os seguintes passos (SCHIEL, 2005):

a. Seleção uma situação inicial: assunto, tema e/ou fato escolhido em função dos conteúdos, habilidades e/ou atitudes que se pretende ensinar, nível de escolaridade dos estudantes, recursos disponíveis (aparatos, ambientes, livros etc.) e interesses dos alunos.

b. (Re)formulação de questionamento dos alunos: após estimular os alunos a apresentar perguntas sobre a situação inicial apresentada, o professor ajuda na (re)formulação das perguntas, a fim de assegurar seu sentido, focalização no assunto que pretende abordar e na promoção da melhora da expressão oral dos alunos.

c. Elaboração das hipóteses e o conceito das investigações: as eventuais divergências detectadas na etapa anterior poderão servir como critério de agrupamento dos alunos (de níveis diferentes conforme as atividades). A partir daí, caberá ao professor dar as instruções sobre funções e comportamentos esperados dentro dos grupos, estimulando e auxiliando os grupos a formular oralmente suas hipóteses e roteiros de testes de verificação ou refutação das hipóteses apresentadas. Em seguida, ajudá-los a elaborar de forma escrita as respectivas hipóteses, roteiros (textos e esquemas) e suas previsões (o que eu acho que vai acontecer? por quais razões?) que, depois de escritas, deverão ser apresentadas oralmente para toda a turma.

d. Investigação conduzida pelos alunos: execução e debate dos testes, fazendo-os tomar consciência do controle de variação dos parâmetros, descrever o que se passou (esquemas, descrição escrita), indagar sobre a possibilidade de reprodutibilidade dos testes/experimentos. Enquanto isso, o professor faz gerenciamento das anotações escritas pelos alunos, estimulando e tirando dúvidas e/ou ensinando a realizar determinados procedimentos.

Cabe esclarecer que, alternativamente. essa investigação pode ocorrer em forma de pesquisa bibliográfica: trazendo e discutindo evidências a favor e/ou contra as hipóteses apresentadas pelos grupos, encontradas em livros, vídeos, internet etc.

e. A aquisição e a estruturação do conhecimento: o professor organiza um debate para confrontação dos resultados obtidos pelos diversos grupos, inclusive com conhecimento estabelecido (obtidos nos livros e na internet). Procurando e esclarecendo causas de eventuais conflitos, fazendo, junto com os estudantes, uma análise crítica dos experimentos realizados e eventuais propostas de experimentos complementares.

Exemplo de uma sequência didática para introdução ao estudo da Química

Como base nos princípios e estratégias didáticas previamente discutidas, foi elaborada uma proposta de introdução ao estudo da Química – com a combinação de atividades de leitura e interpretação de textos, mão na massa e POE – especificamente elaborado para alunos de turmas da primeira etapa EJA/Ensino Médio. Também foi proposto a utilização de um teste *Cloze* (BRABO; CAJUEIRO; VIEIRA, 2017) para ajudar os alunos a antecipar questões e avaliar eventuais aprendizados.

As atividades podem ser realizadas em três encontros, de duas horas cada, com uma semana de intervalo entre eles, o que equivale a mais ou menos a carga-horaria semanal de aulas de Química realizadas em turmas dessa etapa da modalidade de EJA de escolas da Rede Estadual Ensino do Pará.

Encontro 01

No primeiro encontro, deve ser promovido uma espécie de apresentação do tema – com leitura, discussão e produção de textos – a fim de realizar um diagnóstico das habilidades de leitura e interpretação de textos e de conhecimentos prévios de Química, além de discutir algumas normas básicas de segurança de manipulação de instrumentos e reagentes.

Inicialmente os alunos devem ser informados que participarão de atividades nas quais poderão manipular alguns aparatos e substâncias e realizar alguns experimentos simples de Química. Na ocasião, a professor pode deixar sobre a mesa várias vidrarias e aparatos químicos para estimular a curiosidade dos alunos.

Em seguida, deve ser solicitado a leitura de um texto que verse sobre a importância de informações de rótulos e embalagens de produtos industrializados (por exemplo: SCRIVANO et al., 2013, p. 7-12) – para que os alunos respondam as seguintes perguntas: (i) Segundo o texto, qual seria a melhor forma de prevenir as intoxicações? (ii) Descreva um exemplo de uma possível intoxicação por um os mais produtos mencionados no texto. Em seguida, os estudantes devem ser encorajados a apresentar e debater suas respostas com a turma.

Terminada a discussão do texto, os estudantes devem instruídos à responder a um teste *Cloze* (Quadro 1) sobre propriedades da matéria (adaptado de FOGAÇA, 2016), assunto que será discutido do próximo encontro.

Encontro 02

No segundo encontro, algumas vidrarias e aparatos trazidos para aula pelo professor (provetas, pipetas, béqueres, frascos de Erlenmeyer etc.) devem ser apresentados aos estudantes para por em prática uma atividade do tipo Mão na massa (SCHIEL, 2005). Os estudantes devem ser estimulados a fazer perguntas durante a exposição de cada aparato e algumas normas básicas de segurança de manipulação de cada um deles.

Em seguida, os estudantes devem fazer uso de algumas vidrarias para tentar esclarecer a questão: Por que existem diferentes tipos de vidrarias para medir líquidos? Cada equipe de três estudantes pode ficar encarregada de medir o volume de amostras de água e comparar a precisão de medidas obtidas com diferentes vidrarias (provetas, béqueres e pipetas), enquanto o professor pode circular entre as equipes, tirando e instigando dúvidas.

Após o término das medidas, os alunos devem ser orientados a apresentar suas conclusões e discutir *insights* e dificuldades decorrentes da tarefa.

Ativar e Manter o Interesse em Aulas de Química para EJA por meio de Diversificação de...

Quadro 1: Teste Cloze sobre propriedade da matéria. Adaptado de um texto de Jennifer Rocha Vargas Fogaça

Propriedades da Matéria
As propriedades da matéria podem ser classificadas em físicas (podem ser observadas e medidas sem alterar a composição) ou químicas (transformam-se em outro material). A Química estuda os _____, as transformações que eles podem sofrer e a energia envolvida nesses processos. Isso é importante por _____ motivos, dentre eles está o fato de que estudando os materiais, podem-se conhecer as suas propriedades e assim estabelecer um uso apropriado para eles.
As _____ das substâncias podem ser classificadas de acordo com vários critérios. Comumente costuma-se separá-las em propriedades _____ e físicas.

Propriedades químicas: referem-se àquelas que, quando são coletadas e analisadas, _____ a composição química da matéria, ou seja, referem-se a uma capacidade que uma substância tem de _____ em outra por meio de reações químicas. Por exemplo, a combustibilidade é uma propriedade química, pois a água não tem essa propriedade, enquanto o álcool (etanol) tem. Quando o álcool queima, ele converte-se em outras _____ (gás carbônico e água), de acordo com a seguinte reação: $C_2H_6OH + 3O_2 \rightarrow 2CO_2 + 3H_2O$. Outro exemplo é o enferrujamento do prego, que, em termos simples, é uma reação de oxidação do ferro, quando exposto ao ar úmido, que contém oxigênio (O_2) e água (H_2O), formando o Óxido de Ferro monohidratado ($Fe_2O_3.H_2O$), que é um _____ que possui coloração castanho-avermelhada, isto é, a _____ que conhecemos. A propriedade química que o ferro tem, nesse caso, é de se oxidar. Outros exemplos de _____ químicas são: explosão, poder de corrosão e efervescência.

Propriedades físicas: são aquelas que podem ser coletadas e analisadas sem que a composição química da matéria _____, ou seja, resultam em fenômenos _____ e não químicos. Por exemplo, se pegamos uma amostra de água de determinada massa, nós não mudamos a sua constituição, por isso a massa é uma _____ física. Outro exemplo é a propriedade que a água tem de se evaporar, ela passa do estado líquido para o de _____, mas continua com a mesma composição _____. Assim, o ponto de ebulição é uma propriedade _____. Outros exemplos desse tipo são: volume, densidade, estado físico (sólido, líquido e gasoso), ponto de fusão, temperatura, cor e dureza. Nesse primeiro módulo vamos estudar com mais detalhes sobre essas e outras propriedades _____ e _____ da matéria.

Disponível em: http://mundoeducacao.bol.uol.com.br/quimica/propriedades-materia.htm

Encontro 03

No terceiro encontro, deve ser utilizada uma atividade do tipo POE (HAYSON, BOWEN, 2010) para desafiar os alunos a prever e explicar o comportamento de uma possível mistura de cinco diferentes líquidos (detergente, óleo vegetal, glicerol, álcool isopropílico e xarope de milho) em uma proveta (se misturaram todos? Só alguns? Quais? Caso não se misturassem, em qual patamar cada um deles ficaria? Por quê?). Antes que proponham suas hipóteses e explicações, o professor deve apresentar o conceito de densidade aos estudantes, ensinando-lhes a determinar – com auxílio de pipetas, balança, béqueres etc. – a densidade de sólidos e líquidos (Figura 1).

Em seguida, cada grupo deve determinar a densidade de um dos líquidos do experimento e anotar o resultado na lousa e, em seguida, escrever no caderno suas explicações para o possível comportamento da mistura proposta. Após todos os grupos terem elaborado suas respostas, devem apresentar e discutir com a turma suas respectivas previsões e explicações. Ao final, o professor efetua a mistura anunciada e volta a debater com os estudantes os acertos, equívocos e dúvidas apresentados pelos diferentes grupos.

Para encerrar o encontro a professor deve solicitar aos alunos que revisem o preenchimento do teste *Cloze* que haviam feito no primeiro encontro, de acordo com o que eventualmente possam ter aprendido desde então.

Figura 1: alunos utilizando os materiais disponíveis para calcular a densidade dos líquidos.

Considerações Finais

A análise da execução do conjunto de atividades diversificadas proposto – que deliberadamente procurou envolver simultaneamente os estudantes na leitura e discussão de textos, resolução de problemas e execução de tarefas *hands-on* – demonstrou um bom potencial para motivar estudantes da EJA a realizar tarefas educativas e, aparentemente, engajá-los no processo de ensino-aprendizagem de conhecimentos químicos (SILVA, 2018). O padrão de estímulos-chave para a instrução (novidade, envolvimento e significação), discutido por Jack e Lin (2014), parece ter sido alcançado mediante o efeito de novidade do uso das diferentes estratégias, aliado a constante necessidade de os alunos pensar e se expressar sobre o assunto, expondo e debatendo suas ideias prévias e fazendo registros, a respeito de fenômenos e conceitos científicos presentes no cotidiano deles.

Embora a quantidade de aulas e atividades postas em análise tenha sido relativamente pequena, foi possível apresentar algumas evidências de que o conjunto de atividades proposto tem potencial didático para formar um Triângulo de Combustão de Interesse (JACK, LIN, 2014) e assim ativar e manter o interesse e melhor envolvimento dos alunos na aprendizagem de Química.

Os resultados apresentados reforçam a importância de se trabalhar com estratégias diversificadas de natureza construtivista para ativar e manter o interesse dos alunos. Particularmente, isso é ainda mais imprescindível para alunos de turmas EJA que, geralmente, tem mais dificuldades de manter o foco nas aulas, pois, muitas vezes, chegam à escola cansados de suas rotinas de trabalho e precisam dos melhores estímulos possíveis (LIMA, 2019).

Além de servir de referência para outras sequências didáticas análogas, espera-se que as ideias didáticas apresentadas possam sensibilizar e inspirar outros professores de Química, e outras disciplinas, que atuam na Educação de Jovens e Adultos, a adotar e/ou compor atividades didáticas similares, que tenham como princípios a diversificação de estratégias, a valorização dos conhecimentos prévios e o envolvimento de maneira efetiva dos alunos nas tarefas, de forma a ativar e manter constante o interesse dos estudantes em aprender habilidades e conhecimentos científicos básicos.

Referências

AKPINAR, E. The use of interactive computer animations based on POE as a presentation tool in primary science teaching. **Journal of Science Education and Technology**, v.23, n.4, p.527-537, 2014. DOI: https://doi.org/10.1007/s10956-013-9482-4

BRABO, J.C.; CAJUEIRO, D. D. S.; VIEIRA, B. N. Alfabetização científica e linguística com Cloze e P.O.E.: tratamento de água em comunidades ribeirinhas. **Experiências em Ensino de Ciências**, v.12, n.4, p.18-29, 2017.

BRASIL. Ministério da Educação, Secretaria de Educação Fundamental. **Proposta curricular para a educação de jovens e adultos: segundo segmento do Ensino Fundamental**. Brasília: MEC/SEF, 2002.

BRASIL. Ministério da Educação. **Diretrizes Curriculares Nacionais para a Educação Básica**. Brasília: MEC/SEB, 2013.

CHAMPAGNE, A.B; KLOPFER, L; ANDERSON, J.H. Factors influencing the learning of classical mechanics. **American Journal of Physics**, n.48, p.1074-1079, 1980. DOI: https://doi.org/10.1119/1.12290.

COSTA, M; AZEVEDO, R; DEL PINO, J. Temas geradores no ensino de Química na Educação de Jovens e Adultos. **Revista Areté**, v. 9, n. 19, p. 147-161, 2017.

FIGUEIREDO, A.M.T. et al. Os desafios no ensino de Ciências nas turmas de Jovens e Adultos na área de Química. **Revista Inter Ação**, v. 42, n. 1, p. 214-232, 2017. DOI: https://doi.org/10.5216/ia.v42i1.41928.

FOGAÇA, J.R. Propriedades da Matéria. **Mundo Educação** (Blog), 2016. Disponível em: https://mundoeducacao.bol.uol.com.br/quimica/propriedades-materia.htm. Acesso em 31 dez. 2018.

GUNSTONE, R. F; WHITE, R. T. Understanding of gravity. **Science Education**, n. 65, p.291-299, 1981. DOI: https://doi.org/10.1002/sce.3730650308.

HADDAD, S. A participação da sociedade civil brasileira na educação de jovens e adultos e na CONFINTEA VI. **Revista Brasileira de Educação**, v.14, n.41. 2009.

HAYSON, J; BOWEN, M. **Predict, Observe, Explain: activities enhancing scientific understanding**. Arlington: NTSA Press, 2010.

IBGE Instituto Brasileiro de Geografia e Estatística. **Pesquisa Nacional por Amostra de Domicílios - PNAD 2011: síntese de dados**. Brasília: IBGE. 2011. Disponível em https://ww2.ibge.gov.br/home/estatistica/populacao/trabalhoerendimento/pnad2011/default_sintese.shtm. Acesso em: 10 Jan. 2019.

JACK, B.M; LIN, H. Igniting and sustaining interest among students who have grown cold toward science. **Science Education**, n. 98, p.792-814, 2014. DOI: https://doi.org/10.1002/sce.21119.

JACK, B.M; LIN, H. Making learning interesting and its application to the science classroom. **Studies in Science Education**, p. 01-28, 2017. DOI: https://doi.org/10.1 080/03057267.2017.1305543.

KEARNEY, M. Classroom use of multimedia-supported Predict–Observe–Explain tasks in a social Constructivist learning environment. **Research in Science Education**, v.34, n.4, p.427-453, 2004. DOI: https://doi.org/10.1007/s11165-004-8795-y.

KRAJCIK, J.; MAMLOK, R.; HUG, B. Modern content and the enterprise of science: Science education in the twentieth century. In: CORNO, L. (Ed.). **Education Across a Century: The Centennial Volume**. One-hundredth Yearbook of the National Society for the Study of Education. Chicago: University of Chicago Press, 2001, p.205-238.

KRAPPA, A; PRENZEL, M. Research on Interest in Science: Theories, methods, and findings. **International Journal of Science Education**. v.33, n. 1, p.27-50, 2011. DOI: https://doi.org/10.1080/09500693.2010.518645.

LIMA, A. O. As origens emocionais da evasão: apontamentos etnográficos a partir da Educação de Jovens e Adultos. **Horizontes Antropológicos**, v. 25, n. 54, p. 253-272, 2019. DOI: https://doi.org/10.1590/s0104-71832019000200010.

MALDANER, Otavio Aloisio. A pesquisa como perspectiva de formação continuada do professor de química. **Química Nova**, v.22, n.2, p. 289-292, 1999. DOI: https://doi.org/10.1590/s0100-40421999000200023.

OSBORNE, J; COLLINS, S. Pupils' views of the role and value of the science curriculum: a focus-group study. **International Journal of Science Education**, v.23, n.5, p.441-467, 2001. DOI: https://doi.org/10.1080/09500690010006518.

ÖZMEN, H. Some student misconceptions in chemistry: A literature review of chemical bonding. **Journal of Science Education and Technology**, v.13, n.2, p.147-159, 2004. DOI: https://doi.org/10.1023/b:jost.0000031255.92943.6d.

POTVIN, P; HASNI, A. Interest, motivation and attitude towards science and technology at K-12 levels: A systematic review of 12 years of educational research. **Studies in Science Education**, n. 50, p.85-129, 2014. DOI: https://doi.org/10.1080/03057267.2014.881626.

SCHIEL, D. (Ed.). **Ensinar as ciências na escola: da educação infantil à quarta série**. Trad. de Marcel Paul Forster. São Carlos: CDCC, 2005. Disponível em: https://sites.usp.br/cdcc/wp-content/uploads/sites/512/2019/08/pdf-ensinar-ciencias.pdf.

SCRIVANO, C. N. et. al. Ciências, transformação e cotidiano: ciências da natureza e matemática ensino médio - Educação de Jovens e Adultos. São Paulo: Global, 2013 (Coleção Viver e Aprender). Disponível em: https://issuu.com/acaoeducativa/docs/ci__ncias_da_natureza_e_matem__tica. Acesso em: 26 out. 2021.

SILVA, E. O. **O ensino de química na EJA com atividades do tipo P.O.E. e mão na massa**. Orientador: Jesus Cardoso Brabo. 2018. Dissertação (Mestrado em Docência em Ciências e Matemática) - Universidade Federal do Pará, Belém, 2018.

TAMIR, P. How are the laboratories used? **Journal of Research in Science Teaching**, v.14, n.4, p.311-316, 1977. DOI: https://doi.org/10.1002/tea.3660140408

VERONEZ, P. D; VERONEZ, K. N. S; RECENA, M. C. P. Concepções dos alunos do curso de educação de jovens e adultos sobre transformações químicas. **Atas do VII Encontro Nacional de Pesquisa em Educação em Ciências**. Florianopolis: ABRAPEC, 2009.

WHITE, R.T.; GUNSTONE, R.F. **Probing Understanding**. London: Falmer Press. 1992.

ZOLLER, U. Are lecture and learning compatible? Maybe for LOCS: unlikely for HOCS. **Journal of Chemical Education**, n.70, p.195-197, 1993. DOI: https://doi.org/10.1021/ed070p195.

A Feira do Ver-o-Peso como um Espaço Não Formal e Interdisciplinar de Educação: experiências de elaboração de um guia didático

Gleyce Thamirys Chagas Lisboa
Nívia Magalhães da Silva Freitas
Nadia Magalhães da Silva Freitas

O processo de ensino e de aprendizagem tem exigido ampliação de experiências para os diferentes componentes curriculares. Sabemos que a educação não acontece apenas no âmbito escolar (GHANEM; TRILLA, 2008; GOHN, 2006; JACOBUCCI, 2008). De fato, ela pode ocorrer em outros territórios, ou seja, "[...] em muitos lugares, em muitas instâncias formais, não-formais, informais. Elas acontecem nas famílias, nos locais de trabalho, na cidade e na rua, nos meios de comunicação e, também, nas escolas" (PIMENTA, 2002, p. 29).

É nesse contexto, que os espaços educativos não formais colaboram para a realização de práticas educativas, cujas possibilidades podem adentrar ao campo interdisciplinar (MACIEL; CASCAIS; FACHÍN-TERÁN, 2012), promovendo integração dos conhecimentos e apreensão crítica da realidade, de modo à "[...] abrir janelas para o conhecimento e ainda tornar os estudantes cidadãos do mundo, no mundo" (GOHN, 2006, p. 29).

Os espaços não formais correspondem a lugares diferentes da escola, nos quais é possível desenvolver atividades educativas (DOS REIS; RIZZATTI; COSTA DE OLIVEIRA, 2019; MARQUES; MARANDINO, 2018; ROCHA; TERÁN, 2010; JACOBUCCI, 2008), constituindo-se ambientes de aprendizagem capazes de resgatar saberes científicos, na medida em que possibilitam vivências que tornam o conhecimento científico mais próximo do cotidiano dos alunos (SILVA; MENDES, 2014).

Jacobucci (2008, p. 56-57) amplia suas ponderações falando sobre espaços não formais institucionalizados e não institucionalizados, a saber:

Duas categorias podem ser sugeridas: locais que são Instituições e locais que não são Instituições. Na categoria Instituições, podem ser incluídos os espaços que são regulamentados e que possuem equipe técnica responsável pelas atividades executadas, sendo o caso dos Museus, Centros de Ciências, Parques Ecológicos, Parques Zoobotânicos, Jardins Botânicos, Planetários, Institutos de Pesquisa, Aquários, Zoológicos, dentre outros. Já os ambientes naturais ou urbanos que não dispõem de estruturação institucional, mas onde é possível adotar práticas educativas, englobam a categoria Não-Instituições. Nessa categoria podem ser incluído teatro, parque, casa, rua, praça, terreno, cinema, praia, caverna, rio, lagoa, campo de futebol, dentre outros inúmeros espaços.

O presente trabalho, dá ênfase aos espaços não formais não institucionalizados, como um ambiente que proporciona uma prática educativa; neste caso, é o professor que projeta as intencionalidades da ação educativa, ao mesmo tempo em que decide sobre os objetivos a serem alcançados.

A escola, como já referido acima, não representa espaço exclusivo para acontecer o processo de ensino e de aprendizagem. Assim entendendo, o presente estudo orientou-se pela seguinte questão de pesquisa: em que termos, a Feira do Ver-o-Peso pode se constituir espaço não formal e interdisciplinar de educação, na materialização de um guia didático? Assim sendo, trazemos o seguinte objetivo de pesquisa: apreender os aspectos multidimensionais, bem como aqueles mais relevantes da Feira do Ver-o-Peso, de modo que possam constituir um "caderno de campo" (guia), a serem tratados na visita ao local.

Cabe destacar neste ponto, que a Feira do Ver-o-Peso, maior feira livre da América Latina, localizada no município de Belém, capital do estado do Pará, Amazônia Oriental, é um lugar de intensa dinâmica social e cultural, abrangendo também atividades de natureza comercial, mas também simbólica (MAUÉS; SCHEINER, 2016). Por questões históricas e culturais, a Feira apresenta grande apelo turístico (REBELLO; SANTOS; SANTOS, 2021).

A Feira do Ver-o-Peso representa o "[...] cartão-postal da cidade pela diversidade e exotismo dos produtos regionais; beleza da arquitetura de ferro dos mercados de carne e peixe; casarões centenários; localização estratégica no centro histórico de Belém, às margens da baía do Guajará [...]" (REBELLO; SANTOS; SANTOS, 2021, p. 10). Na compreensão de Fleury e Ferreira

(2011), a Feira constitui-se um "ator histórico", que se inter-relaciona com a cidade e seus habitantes (FLEURY; FERREIRA, 2011).

As feiras, em geral, e a Feira do Ver-o-Peso não é diferente, "[...] assumem uma importante função econômica, social e cultural para as cidades e para o seu desenvolvimento já que se configuram como local de comércio, relações sociais, circuitos de integração entre a produção e o consumo e de fluxos de pessoas e informações" (REBELLO, SANTOS; SANTOS, 2021, p. 3). As feiras constituem-se, também, oportunidade de apreensão e de articulação de conhecimentos. Para Silva (2008), por exemplo, os produtos comercializados em feiras e mercados, a exemplo do Mercado Adolpho Lisboa, na cidade de Manaus, Amazonas, revelam a cultura regional, em termos de alimentos e temperos regionais, artigos mítico-religiosos, ervas medicinais, artesanato etc., que no conjunto representam a cosmogonia amazônica (SILVA, 2008).

Assim, considerando as possibilidades educacionais que podem se apresentar em espaços não formais e não institucionalizados, aqui representado pela Feira do Ver-o-Peso, empreendemos na elaboração de um guia didático de visitação, de modo a subsidiar professores e alunos no processo de (re) conhecimento deste espaço. Desse modo, propomo-nos, neste texto, apresentar os aspectos relevantes da nossa experiência de elaboração de um guia didático para a Feira do Ver-o-Peso, um processo colaborativo e integrativo de professores e de alunos, da Escola Municipal de Ensino Fundamental Antonio Bernardo da Silva, localizada no município de São Francisco do Pará, estado do Pará. A elaboração do guia didático foi produto acadêmico da primeira autora, resultante de uma pesquisa de Mestrado Profissional, do Programa de Pós-Graduação em Docência em Educação em Ciências e Matemáticas (PPGDOC), da Universidade Federal do Pará (UFPA).

Justificamos nosso empreendimento, a elaboração de um guia didático para a Feira do Ver-o-Peso, a partir de três pontos, a saber: (1) importância da feira com um local de conhecimento, de elevada relevância simbólica e riqueza histórico-cultural, diversidade social e econômica; (2) carência de estudos e/ou proposições sistematizadas, na área educacional; (3) necessidade de constituição de um guia didático, na apreensão dos múltiplos aspectos do local, de modo a auxiliar professores no seu fazer docente. Ademais, Freitas e Freitas (2015) ponderam sobre a importância da Feira do Ver-o-Peso como espaço singular, permeado por aspectos objetivos e subjetivos, avaliando como pertinente a elaboração de um produto didático, de modo a lançarmos um olhar privilegiado sobre o local, no sentido de apreensão dos seus múltiplos contextos e conteúdo, para fins educacionais.

Considerações Iniciais a Elaboração do Guia Didático

No levantamento de referenciais bibliográficos, evidenciamos a existência de um guia etnográfico de visitação para a Feira do Ver-o-Peso, voltado aos turistas (CARVALHO, 2011). Segundo Marandino (2004, p. 5), o "[...] guia didático será diferente de um guia de visitação", posto que a preparação do primeiro considera um público específico, ou seja, alunos; já o segundo, destina--se àqueles que desejam visitar o local, independentemente da sua condição (alunos ou não).

Compreendemos que os guias didáticos, no que diz respeito, especificamente, ao seu conteúdo, precisam estar adequadamente fundamentados, com textos que se refiram aos diferentes aspectos do local. Os espaços não formais de educação, de um modo geral, apresentam uma diversidade de objetos de estudo e, neste sentido, uma abordagem interdisciplinar é plausível. Assim, assumimos no contexto da pesquisa realizada, ideias propostas por Fazenda (2003), notadamente aquelas que se configuravam como uma "vivência inter-disciplinar" do local, no sentido de apreendê-lo como espaço de conhecimento, não de uma dada disciplina, especificamente, mas, por outro lado, reconhe-cendo-o como um espaço de múltiplas potencialidades disciplinares – um espaço interdisciplinar.

Na intenção de subsidiarmos nosso empreendimento, recorremos à Marandino (2004), que publicou um guia didático para a visitação de um espaço não formal institucionalizado. Assim, na constituição do guia didático, e considerando aspectos mencionados pela supracitada autora, destacamos como essenciais as seguintes etapas: (1) escolha do local para visitação e seleção dos pontos de visitação; (2) delimitações das sessões do guia; (3) organização de conteúdos/temas a serem abordados; (4) seleção de imagens; e, por fim, (5) propostas de atividades.

A delimitação do local e dos respectivos pontos de visitação requer pensar qual a importância do espaço? Que características interessantes podem ser destacadas? Quais dessas características, nos contextos disciplinares, são importantes? Tais caraterísticas podem ser organizadas em seções no documento? Definidos esses aspectos, a próxima etapa refere-se a uma abordagem teórica, com a finalidade de resgatar os conhecimentos já tratados por pesquisadores, com a perspectiva de complementar e ampliar os conhecimentos do professor, instrumentalizando-o para adequado enfoque ao espaço. Inclusive, favorecendo desdobramentos para melhor aproveitamento da visitação ao local, bem como aproximação a realidade dos estudantes.

Neste ponto, avaliamos que a seleção de imagens (fotografias e ilustrações), para o guia, é uma etapa tão importante quanto às demais. A imagem maximiza o processo de ensino e de aprendizagem, na medida em que situa o professor com imagens do local, para que ele consiga estabelecer relações com o texto do guia. Além do mais, em "[...] um universo de múltiplas e contínuas possibilidades colocadas ao olhar, as imagens [...] estabelecem para si um campo de visibilidade privilegiado" (GOMES, 2013, p. 6).

Percursos Metodológicos

A abordagem da pesquisa fundamentou-se na perspectiva qualitativa (OLIVEIRA, 2014). Recorremos à pesquisa-ação-participante, uma "[...] proposta metodológica inserida em uma estratégia de ação definida, que envolve também seus beneficiários na produção do conhecimento" (GABARRÓN; LANDA, 2006, p. 113); tais beneficiários estavam representados por professores e alunos da Escola Municipal de Ensino Fundamental Antônio Bernardo da Silva, da qual uma das pesquisadoras (primeira autora deste trabalho) também é professora. Assim, ouvir os sujeitos integrantes da pesquisa, interagir com eles, no sentido de estabelecer trocas férteis, representou, no conjunto, a base para a elaboração do guia. Assim, os dados constituídos, em todo o processo, foram submetidos à análise interpretativa (CRESWELL, 2010), para apropriada construção do guia.

O processo de realização do trabalho foi dividido em dois momentos. O primeiro correspondeu ao processo de elaboração do guia, pela pesquisadora, com o desenvolvimento de pesquisa bibliográfica e, também, de pesquisa exploratória de campo. A pesquisa bibliográfica consistiu-se em leituras de artigos científicos, dissertações, teses e livros de autores que abordavam aspectos diversos sobre a Feira do Ver-o-Peso, além de leituras sobre os seguintes temas: espaços não formais de educação, interdisciplinaridade e elaboração de guia didático.

Por sua vez, a pesquisa exploratória de campo correspondeu à visita ao local da Feira, precisamente para a recolha de elementos para a constituição do referido guia, e buscou, em última instância, (re)conhecer o objeto, nos termos de Alves-Mazzotti e Gewandsznajder (1998). Para tal, realizamos observação direta, entrevistas junto aos feirantes e registros fotográficos. Esse primeiro momento balizou a elaboração do guia, em sua primeira versão.

O segundo momento, representou o processo de avaliação do produto, a partir da efetivação das seguintes etapas: leitura do guia pelos professores, com incorporação de sugestões pertinentes ao conteúdo do guia (segunda versão do guia), visitação a feira do Ver-o-Peso por parte dos alunos (25 alunos do 9 ano), acompanhados pelos professores da escola de diferentes componentes curriculares (ciências, geografia, história, matemática, estudos amazônicos, artes e língua portuguesa).

Os professores foram municiados pelo referido guia, na condução da visita a Feira do Ver-o-Peso. Todos os aspectos relativos ao processo de visitação foram registrados em diário de campo. Ainda em continuidade ao segundo momento, mas agora no ambiente escolar, promovemos uma discussão geral com os alunos e os professores sobre a atividade, o que também foi passível de registro.

Levantamos algumas informações, a partir da aplicação de questionários e da solicitação da construção de narrativas sobre a visitação, tanto junto aos alunos como junto aos professores. De posse desse conjunto de elementos, procedemos à releitura do guia, acolhendo sugestões e, a partir destas, realizamos adequações, para, por fim, dar por concluído a construção do guia (versão final).

Ponderações sobre o Guia Didático para a Feira do Ver-o-Peso

O guia didático "Feira do Ver-o-Peso: um espaço não formal e interdisciplinar de educação" foi proposto com a intenção de apreender os múltiplos aspectos do referido local, na perspectiva da interdisciplinaridade, constituindo-se aporte teórico e metodológico para visitação. O guia foi dividido em cinco sessões, a saber: (1) a história do Ver-o-Peso; (2) a localização, a economia e a territorialização da Feira do Ver-o-Peso; (3) as encantarias e a farmacologia da Feira do Ver-o-Peso; (4) a arte marajoara; e, na última sessão (5), foram apresentadas propostas de atividades para o professor, relativas às características da *Belle Époque*, a relação do rio com os modos de vida, percepção das formas geométricas dos seus vários ambientes, conhecimento das propriedades medicinais das ervas comercializadas no local, observação dos contextos sociais, análise da música "Belém Pará Brasil/Mosaico de Ravena", que fala, em um cenário fictício, da destruição da Feira em nome da modernidade. No guia, de um modo geral, constam orientações para serem trabalhadas antes, durante e depois da visitação.

Quatro das cinco sessões do guia foram amplamente ilustradas (excluindo-se a sessão de proposições de atividades), com reproduções fotográficas diversas, inclusive de ilustração da Feira do Ver-o-Peso, realizadas por Percy Alfred Lau. Também elaboramos mapas e fizemos registros fotográficos próprios. E, ao final das sessões era apresentada uma lista das bibliografias consultadas, utilizadas na elaboração do texto das sessões.

A seguir, apresentamos algumas ponderações sobre o processo de visitação, a partir dos registros dos relatos dos professores; estes professores foram identificados pelos componentes curriculares sobre suas responsabilidades. Em linhas gerais, foi possível perceber na reunião com os professores, que o guia didático foi bem aceito pela totalidade dos professores. Algumas contribuições surgiram, e os professores elogiaram a iniciativa e ressaltaram a relevância do material, sob a argumentação de facilitar a visitação.

Destacamos que a professora de Matemática afirmou que foi a primeira vez que ela visitou a Feira do Ver-o-Peso, embora sempre passasse pelo local. Entretanto, não a enxergava como um local privilegiado de conhecimento. Assim como ela, o professor de Artes falou a respeito de morar em Belém, especificamente no bairro da Cidade Velha, próximo a referida Feira, e nunca ter levado seus alunos ao local, refletindo sobre a não valorização da cultura e da história local. É nesse sentido, que não podemos nos esquecer do seguinte:

> Somos seres humanos, o que aprendemos na e da cultura de quem somos e de que participamos. Algo que cerca e enreda e vai da língua que falamos ao amor que praticamos, e da comida que comemos à filosofia de vida com que atribuímos sentidos ao mundo, à fala, ao

amor, à comida, ao saber, à educação e a nós próprios (BRANDÃO, 2002, p. 141).

Podemos referir, com essas compreensões, que a Feira do Ver-o-Peso se constitui espaço que "fala" dos modos de vida, da cultura, da história, das dinâmicas econômicas; reconhecemos, ao mesmo tempo, que se configura local que esparge conhecimento, interdisciplinar, multirreferenciado, adequado aos propósitos do ensino. Entretanto, a professora de Estudos Amazônicos ressaltou que a despeito da oportunidade e da riqueza do aprendizado para os alunos, considerava perigoso realizar a visitação face aos noticiários que alertavam sobre a violência no local, sugerindo realizar tal atividade em espaços como o mangal das Garças, localizado, também, na cidade de Belém, espaço com infraestrutura de segurança, que, inclusive, dispõe de monitor, o que facilitaria o trabalho do professor.

De fato, a questão da insegurança, hoje, é um ponto importante a ser pensado, dado o cenário de violência instalado, não só no estado do Para, mas no Brasil como um todo (WAISELFSZ, 2016), de modo que, como contraponto a observação da professora acima citada, o professor de Ciências argumentou que levar os alunos somente em locais onde exista a presença de monitores, não é a única opção de educação em espaços não formais, principalmente ao considerarmos que temos tantos lugares na cidade de Belém, cheios de história e de expressões culturais.

De fato, tal observação é corroborada por Rocha e Terán (2010), quando afirmam que há uma diversidade de espaços não formais que se configuram espaços de conhecimento. Reconhecemos, nesse ponto, que não podemos conceber que "[...] o trabalho pedagógico se reduza ao docente na escola" (PIMENTA, 2002, p. 29), pois estaremos fadados a não contribuir para uma formação que revele e desvele o mundo.

E, continuando suas observações, o professor referiu que a violência, disseminada em todo o país, não pode nos imobilizar e impedir que nossos alunos vivenciem o que o guia propõe – uma experiência de pesquisar e de aprender em um local diferente da escola. O referido professor acrescenta que há que se pensar nos aspectos que garantam a segurança de alunos e de professores nessas atividades externas a escola. Mesmo porque, não devemos nos esquecer da responsabilidade legal das escolas e de seus atores educacionais, em relação aos educandos; inclusive, no que diz respeito à segurança dos alunos, quer seja no ambiente interno a escola quer seja em outras hipóteses (CURY; FERREIRA, 2010).

Podemos referir que o processo de visitação transcorreu de forma tranquila, com o envolvimento expressivo dos alunos e condução consoante com o guia, por parte dos professores. Todo o itinerário proposto no guia foi seguido. Os alunos interagiram como os comerciantes, indagando-os sobre suas atividades e produtos vendidos. Por sua vez, os professores realizaram a interlocução entre conhecimento-espaço, de modo que os alunos se mostraram atentos a cada característica destacada no guia.

Muitos aspectos da visitação foram realçados, destacamos aqueles presentes nas narrativas de dois alunos (identificados pelas três primeiras letras do nome, acrescido das primeiras letras dos sobrenomes, com objetivo de resguardar suas identidades), a saber:

> O mais importante foi ter conhecido um pouco da história do Ver-o-Peso [...]. Gostei das peças criadas por eles [com traços marajoaras] [...] são peças que têm histórias [...] (JAQ-RS);

> A visita ao Ver-o-Peso para mim foi inesquecível porque é uma vista de se impressionar como em um pequeno pedaço de barraca. Eles conseguem trazer a cultura do interior, ou melhor, um pedaço do nordeste paraense como a mandioca, o tipiti, suas artes culturais, ervas [...] foi uma despertada de vida sobre a cultura paraense (ELI-OC).

As observações de Gohn (2010, p.19) retratam os aspectos acima apresentados, quanto às atividades educacionais em espaços não formais, no sentido de

> [...] abrir janelas de conhecimento sobre o mundo que circunda os indivíduos e suas relações sociais. Seus objetivos não são dados a priori, eles se constroem no processo interativo, gerando um processo educativo.

É nesse contexto, que cabe ao professor perceber as potencialidades dos espaços não formais de educação, para, assim, valer-se no seu fazer docente. As atividades pós-visitação culminaram na produção de um jornal, por parte dos alunos, com textos, ilustrações, gráficos e desenhos. Foi possível perceber que as manifestações dos alunos foram diversas e sempre positivas. Com relação às narrativas dos professores, destacamos uma delas, precisamente da Professora que leciona a disciplina Língua Portuguesa, por reunir aspectos importantes da realização do trabalho, a saber:

> A visita [...] foi muito importante para o ensino-aprendizagem dos alunos. Primeiro porque são alunos do interior e ficaram encantados ao se deparar com um lugar que tem tudo para vender desde confecções, alimentos e ervas medicinais. Segundo porque os alunos puderam apreender [no sentido de rememorar] a história de nosso estado [...], visualizando onde exatamente os primeiros 'habitantes ou comerciantes' chegavam, para ali vender seus produtos extraídos de suas lavouras. Com tudo isso, [percebemos] a disposição de aprender de nossos alunos [...]. Enfim, foi maravilhoso presenciar o encanto dos discentes.

Outros docentes manifestaram-se semelhantemente a referida professora, quanto à importância do guia didático, notadamente na orientação da visitação de um espaço não formal e não institucionalizado, como a Feira do Ver-o-Peso – um local não pensado anteriormente para fins de ensino, inclusive, em uma perspectiva interdisciplinar, conforme ponderaram os professores.

Considerações Finais

O presente trabalho constituiu-se experiência importante, na medida em que as propostas contidas no guia didático alcançaram os objetivos propostos e, de certo modo, superaram as expectativas junto aos professores e aos alunos da educação básica. Ao mesmo tempo, a elaboração do guia nos trouxe, inicialmente, algumas inquietações, no sentido de representar uma ação de muita responsabilidade, pois estávamos propondo uma atividade educacional que tinha o objetivo de auxiliar professores e alunos a compreender melhor a Feira do Ver-o-Peso, no contexto dos conteúdos do ensino fundamental, com todas as suas singularidades e interlocuções.

Vivenciamos a Feira do Ver-o-Peso, como um espaço não formal (não institucionalizado) de educação, sem descaracterizá-lo em suas especificidades, de modo que se constitui oportunidade para estimular aprendizagens, fora e dentro da escola. Em cada atividade referendada pelos professores e alunos, experimentávamos exultação. Professores e alunos se mostraram proativos no processo de visitação e posteriormente a ela. São as singularidades da Feira do Ver-o-Peso que podem colaborar para tornar o ensino contextualizado, além de proporcionar motivação e interesse tanto por parte dos professores (na dinamização de suas aulas) como dos estudantes (em face de novas aprendizagens).

Mediante as considerações feitas, ponderamos que o guia proposto possa ser utilizado em qualquer realidade das escolas públicas do estado do Pará, o que não exclui a possibilidade de adequações a realidade de cada escola e aos avanços do conhecimento. Neste ponto, destacamos que existem, dentro da cidade de Belém, outros espaços não formais e não institucionalizados, em potencial, para uma visita com alunos, constituindo-se locais de conhecimento a espera para serem (re)conhecidos.

Referências

ALVES-MAZZOTI, A. J.; GEWANDSZNAJDER, F. **O método nas ciências naturais e sociais**: pesquisa quantitativa e qualitativa. São Paulo: Pioneira, 1998.

BRANDÃO, C. R. **A educação como cultura**. Campinas: Mercado de Letras, 2002.

CARVALHO, L. **Ver-o-Peso**: guia da exposição. Belém: SETUR, 2011 (Catálogo etnográfico e Guia).

CRESWELL, J. W. **Projeto de Pesquisa**: método qualitativo, quantitativo e misto. Porto Alegre: Artmed, 2010.

CURY, C. R. J.; FERREIRA, L. A. M. Justiciabilidade no campo da educação. **Revista Brasileira de Política e Administração da Educação**, Goiânia, v. 26, n. 1, p.75-103, 2010. Disponível em: <https://seer.ufrgs.br/rbpae/article/view/19684/11467>. Acesso em: 31 out. 2021.

DOS REIS, E.; RIZZATTI, I.; COSTA DE OLIVEIRA, R. A trilha do Parque Ecológico Bosque dos Papagaios como espaço não formal de aprendizagem da organografia vegetal. **Revista Insignare Scientia - RIS**, Rio Grande do Sul, v. 2, n.

4, p. 297-313, 2019. Disponível em: <https://periodicos.uffs.edu.br/index.php/RIS/article/view/11077/7331>. Acesso em: 15 out. 2021.

FAZENDA, I. C. A. **Interdisciplinaridade**: história, teoria e pesquisa. Campinas, SP: Papirus, 2003.

FLEUR, J. N.; FERREIRA, A. A. O mercado e a cidade: a influência do consumo de carne na história urbana de Belém na segunda metade do século XIX. Simpósio Nacional de História – ANPUH, 26, São Paulo, julho 2011. **Anais...** Disponível em: <http://www.snh2011.anpuh.org/resources/anais/14/1300756469_ARQUIVO_Artigo_JorgeFleury_AlineAlves_ANPUH.pdf> Acesso em: 15 set. 2021.

FREITAS, N. M. S.; FREITAS, N. M. S. Educação em espaços não formais: a produção de um roteiro científico para o Mercado do Ver-o-Peso. **Revista Areté**, Manaus, v. 8, n.17, p. 95-106, 2015. Disponível em: < http://periodicos.uea.edu.br/index.php/arete/article/view/182/181>. Acesso em 31 out. 2021.

GABARRÓN, L. R.; LANDA, L. H. Pesquisa participante: a partilha do saber. In: STRECK, D. R. (Org.). **O que é pesquisa participante?** Aparecida, SP: Ideias & Letras, 2006. p. 113-125.

GHANEM, E.; TRILLA, J. **Educação formal e não-formal**: pontos e contrapontos. São Paulo: Summus, 2008.

GOHN, M. G. **Educação não formal e o educador social**. Atuação no desenvolvimento de projetos sociais. São Paulo: Cortez, 2010.

GOHN, M. G. Educação não-formal, participação da sociedade civil e estruturas colegiadas nas escolas. **Ensaio**: avaliação e políticas públicas em educação, Rio de Janeiro, v.14, n. 50, p. 27-38, 2006. Disponível em: <https://www.scielo.br/j/ensaio/a/s5xg9Zy7sWHxV5H54GYydfQ/?lang=pt&format=pdf>. Acesso em 15 out. 2021.

GOMES, P. C. C. **O lugar do olhar**: elementos para uma geografia da visibilidade. Rio de Janeiro: Bertrand Brasil, 2013.

JACOBUCCI, D. F. C. Contribuições dos espaços não formais de educação para a formação da cultura científica. **Em extensão**, Uberlândia, v. 7, p. 55-66, 2008. Disponível em: <http://www.seer.ufu.br/index.php/revextensao/article/view/20390/10860>. Acesso em: 20 out. 2021.

KRASILCHIK, M. **Prática de Ensino de Biologia**. São Paulo: Edusp. 2008.

MACIEL, H. M.; CASCAIS, M. G. A.; FACHÍN-TERÁN, A. Ponte sobre o rio negro: um novo espaço educativo não formal em Manaus, AM, Brasil. **Revista**

Areté, Manaus, v. 5, n. 8, p. 108-116, 2012. Disponível em: <periodicos.uea.edu.br/index.php/arete/article/view/40/37>> Acesso em: 25 out. 2021.

MARANDINO, M. **Memória da biologia na cidade de São Paulo**: guia didático. São Paulo: FEUSP, 2004.

MARANDINO, M. Museu como lugar de cidadania. In: BRASIL. **Museu e escola**: educação formal e não-formal. Brasília: Secretaria de Educação a Distância, 2009. p. 8-9. (Salto para o futuro, n. 3.). Disponível em: <http://portaldoprofessor. mec.gov.br/storage/materiais/0000012191.pdf>. Acesso em 28 out. 2021.

MARQUES, A. C. T. L; MARANDINO, M. Alfabetização científica, criança e espaços de educação não formal: diálogos possíveis. **Educação e Pesquisa**, São Paulo, v. 44, e170831, p. 1-19, 2018. Disponível em: <https://www.scielo.br/j/ep/a/C3jHPn H8nQ47vp6fQ7mrdDb/?lang=pt#>. Acesso em: 29 set. 2021.

MAUÉS, P. H.; SCHEINER, T. C. M. O valor que o Ver-o-Peso tem. In: LEITÃO, W. (Org.). **Ver-o-Peso**: estudos antropológicos no mercado de Belém. Belém: Pakatatu, 2016, v. II, p. 39-75.

OLIVEIRA, M. M. **Como fazer pesquisa qualitativa**. Petrópolis, RJ: 2014.

PIMENTA, S. G. (Org.). **Pedagogia**: caminhos e perspectivas. São Paulo: Cortez, 2002.

REBELLO, F. K.; SANTOS, P.C.; SANTOS, M. A. S. Boieiras do Ver-o-Peso: tradição, cultura e valores não econômicos da culinária regional na mais importante feira da Amazônia brasileira. **Confins**. Revue Franco-Brésilienne de Géographie/Revista Franco-Brasileira de Geografia. Disponível em: <https://journals.openedition.org/confins/37200?lang=pt>. Acesso em: 27 out.2021.

ROCHA, S. C. B.; TERÁN, A. F. **O uso de espaços não-formais como estratégia para o Ensino de Ciências**. Manaus: UEA/Escola Normal Superior/PPGEECA, 2010.

SILVA, D. S.; MENDES, R. R. L. Preparação do guia didático Trilha histórico-ecológica no Museu da Vida por licenciandos em biologia da Faculdade de Formação de Professores da UERJ: buscando a emoção e a reflexão dos alunos. **Revista da SBENBIO**, São Paulo, n. 7, p. 1474-1482, 2014. Disponível em: <https://sbenbio.org.br/revistas/revista-sbenbio-edicao-7/>. Acesso em: 27 out.2021.

SILVA, R. T. **Mercado Adolpho Lisboa**: cheiros, sons e imagens, uma abordagem simbólica. 2008. 106 f. Dissertação (Mestrado em Sociedade e Cultura na Amazônia). Universidade Federal do Amazonas, Manaus. 2008.

WAISELFSZ, J. J. **Mapa da violência 2016**. Homicídios por armas de fogo no Brasil. Brasil: FLASCO, 2016. Disponível em: <flacso.org.br/?p=16616>. Acesso em: 15 out.2021.

Sequência de Atividades com Enfoque em Representações Dinâmicas: uma alternativa para o ensino de semelhança de triângulos

Clara Alice Ferreira Cabral
Talita Carvalho Silva de Almeida

Neste artigo apresentamos um recorte do produto educacional oriundo da Dissertação de Mestrado Profissional do Programa de Pós-graduação em Ciências e Matemáticas do Instituto de Educação Matemática e Científica da Universidade Federal do Pará (IEMCI/UFPA), defendida pela primeira autora, orientado pela segunda.

Os resultados da aplicação do estudo nos permitiram a materialização deste produto, organizado em três tópicos: a constituição da sequência de ensino, com aspectos relevantes para o desenvolvimento da sequência e fundamentação teórica; as atividades que integrarão a sequência com seus respectivos títulos, procedimentos e finalmente algumas recomendações para o professor, relacionadas aos objetivos e possibilidades de aplicação das atividades.

Trazemos no conjunto de atividades além dos objetivos de ensino, algumas considerações que podem colaborar com professores de matemática enquanto material de pesquisa, trazendo novas possibilidades de aprendizagem e ampliando as reflexões acerca de metodologias que favorecem a investigação e a participação ativa do aluno no processo de aprendizagem de matemática, onde alunos e professores envolvem-se com satisfação e alcançam melhores resultados.

Verificamos no estudo original do qual essa sequência é oriunda, por meio de levantamento bibliográfico em pesquisas na área de educação matemática que abordam semelhança de triângulos, que ao longo de décadas, a geometria foi ensinada em um contexto em que se valorizava o pensamento dedutivo, cujo objetivo era firmar conceitos geométricos, pautado no desenvolvimento de fórmulas e algoritmos (CABRAL, 2019).

Nesta perspectiva de ensino, a ênfase estava na prova escrita e no produto, não no processo de construção dos conceitos geométricos, negligenciando, assim, as principais funções do raciocínio em geometria. De acordo com Duval (2012) tais funções "aprimoraram o pensamento espacial e o raciocínio dedutivo, características fundamentais para que o seu estudo não se limite apenas à automação, memorização e técnicas operatórias baseadas em processos de abstração" (DUVAL, 2012, P. 12).

Em vista disso, pensamos de que forma proporcionar aos nossos alunos uma aprendizagem do conteúdo de semelhança de triângulos de maneira que eles pudessem construir conjecturas, com objetivo de serem sujeitos ativos no processo de construção dos conceitos e propriedades, não apenas recebendo-os prontos de um livro didático, por exemplo. Desta forma, encontramos na Teoria dos Registros de Representação Semiótica apresentada por Raymond Duval, uma proposta em se trabalhar a Geometria por meio de representações, mais especificamente as representações Dinâmicas com apoio do software GeoGebra.

A proposta de utilizar esse software na sequência de atividades, se dá pelo fato de que, além de ele ser um software gratuito e não necessitar de internet para ser manipulado, possui ainda uma versão para smartphones. Este fator é extremamente vantajoso, pois sabemos que um laboratório de informática, em condições adequadas de funcionamento, não é realidade de todas as escolas públicas. Além disso, o enfoque principal da sequência é trabalhar as representações dinâmicas dos triângulos, e o GeoGebra com seus recursos de arrastar/mover possibilita essa forma de abordagem.

Antes de iniciarmos a apresentação das atividades, falaremos brevemente acerca do Ensino da Geometria pela ótica de Duval e do ambiente onde serão executadas as atividades: os ambientes de representação dinâmica.

O Ensino da Geometria na Perspectiva de Duval

As dificuldades inerentes a este e a outros conteúdos matemáticos podem ter origem, principalmente, na forma como são representados. Em matemática, como bem lembra Duval (2009), "toda a comunicação se estabelece com base em representações, seja uma escrita decimal ou fracionária, os símbolos, os gráficos, os traçados de figuras, dentre outros". (DUVAL, 2009, p. 10).

O autor orienta que essas representações não podem nunca ser confundidas com os objetos matemáticos, sob pena de que não "haverá compreensão em matemática se não existir essa distinção." (DUVAL, 2009, p. 14). Estas representações produzidas pelos sujeitos e que podem ser efetuadas ao realizar operações em um sistema semiótico determinado, são definidas pelo autor como Registro de Representação Semiótica.

Ele ainda esclarece que as Representações Semióticas são externas e conscientes e estabelece que um registro de representação é um sistema semiótico que tem as funções cognitivas fundamentais de mostrar o funcionamento cognitivo e consciente que o sujeito apresenta da situação. Nesse sentido, por intermédio do registro de representação, é que o sujeito relata de forma consciente o que está sendo observado a respeito do objeto.

Existe uma grande variedade de representações semióticas constituídas pelo emprego de signos pertencentes a um sistema de representação. Um mesmo objeto matemático pode ser representado de muitas formas diferentes, como a língua materna; o registro algébrico; o registro figural; o registro numérico e ainda outros. A Figura 1 retrata as possíveis representações para um mesmo objeto matemático.

Figura 1: Possíveis registros de representação de um objeto matemático.

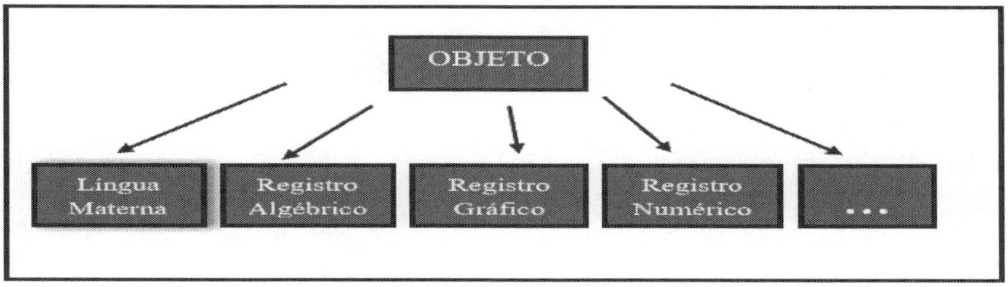

Fonte: Cabral (2019)

No ensino de geometria, o uso das figuras é fundamental, visto que permite ter acesso aos objetos matemáticos representados, conjecturar propriedades e resolver problemas. Conforme Duval (2012), a atividade cognitiva requerida em geometria é mais exigente que em outras áreas da matemática, uma vez que os tratamentos, nos registros figurais e discursivos, devem ser, de acordo com o autor, simultâneos.

Há, naturalmente, regras de tratamento próprio a cada registro. Sua natureza e seu número variam consideravelmente de um registro a outro: tais como regras gramaticais quando se trata de línguas maternas, regras de representação gráfica, regras de cálculos numéricos.

O autor distingue três atividades cognitivas, fundamentais, ligadas aos registros de representações: a formação, o tratamento e a conversão.

- A formação de uma representação semiótica é baseada na aplicação de regras de características do conteúdo envolvido. Por exemplo, a composição de um texto, construir uma figura geométrica, elaborar um esquema, escrever uma fórmula, calcular a área de uma figura plana, etc.

- O tratamento é uma transformação que se efetua no interior de um mesmo registro, e mobiliza apenas um registro de representação.

- A conversão, ao contrário, é uma transformação que faz necessário a mudança de um registro para outro, porém conserva a referência aos mesmos objetos.

O que percebemos, geralmente, é que esses dois procedimentos são constantemente confundidos, e quando se descreve a resolução matemática de um problema não há o cuidado em distingui-los. Para Duval (2009, p. 15) não há razão explicita para que isso ocorra, pois ambos são "radicalmente diferentes."

A contribuição de Duval para o processo de aprendizagem em matemática está, portanto, em apontar a restrição de se usar uma única representação para um mesmo objeto matemático. Isso porque uma única via não garante a compreensão, ou seja, a aprendizagem em matemática. Permanecer em um único registro de representação significa compreender equivocadamente que a representação é de fato o próprio objeto matemático.

Ensino de geometria em ambientes de representação dinâmica

Atualmente, diversas pesquisas evidenciam o potencial da utilização de Tecnologias da Informação e Comunicação (TIC) para o ensino e a aprendizagem de matemática. Hoje, já contamos com uma abundância de softwares desenvolvidos ligados a temas de Matemática como geometria plana, geometria espacial, álgebra, cálculo, linguagem de programação e lógica matemática. A utilização de softwares específicos para geometria, que podem alterar as representações via arrastamento da figura construída, mantendo suas propriedades, recebe a denominação de "Softwares de *Representação Dinâmica*".

A inserção de tecnologias digitais na prática docente é um fenômeno inevitável diante das atuais circunstâncias sociais, em que o professor precisa disputar a atenção do aluno com tecnologias digitais, como os smartphones, além da enorme variedade de redes sociais. De acordo com Borba e Penteado (2007) a informática tem ocupado espaço cada vez maior em nossa sociedade, sobretudo no cotidiano de nossos alunos. Vivemos numa sociedade em que prevalecem a informação, a velocidade, o movimento, a imagem, o tempo e o espaço com uma nova conceituação.

Os ambientes informatizados, na área da educação, contribuem para enriquecer as experiências e possibilitam a realização de um trabalho abrangente que promove a pesquisa e a investigação, aspectos intrínsecos à construção do conhecimento que resulta em experiência formativa, criativa e inovadora. Neste contexto, nós educadores devemos estar abertos à novas formas do saber humano, novas maneiras de gerar e compartilhar o conhecimento, isto se não quisermos ficar estagnados em métodos de ensino e teorias de trabalho obsoletas. Na atual conjuntura, a escola não deve manter-se neutra diante desta dimensão tecnológica.

Quando pensamos no ensino e na aprendizagem de matemática, se tem havido consideráveis avanços em termos de desenvolvimentos de softwares educativos voltados para o ensino de geometria, muito em virtude da busca por diferentes estratégias de ensino que não estejam baseadas na incessante valorização de fórmulas e propriedades postas como fatos sem comprovação que os estudantes devem tomar como dogmas.

Gravina (2001) considera que ao nos depararmos frente a um problema geométrico, a primeira coisa que fazemos é desenhar a situação, seja numa folha de papel ou na tela de um computador. De acordo com a pesquisadora, para o aluno, nem sempre é claro que o desenho é apenas um esboço físico de representação do objeto, e pode se constituir tanto em um recurso, quanto em um entrave no raciocínio geométrico. Ainda de acordo com a autora, os ambientes de geometria dinâmica ganharam espaço, justamente pela impossibilidade encontrada em manipular objetos geométricos, e pela constante tendência em negligenciar o aspecto conceitual impostos pelas restrições do desenho, constituindo-se um dos maiores obstáculos para o aprendizado de Geometria.

A principal característica desses softwares é a possibilidade de representações dos objetos matemáticos serem modificadas mantendo-se suas propriedades inalteradas. Esses programas apresentam a característica de serem de manipulação direta, ou seja, o usuário age diretamente sobre a representação dos objetos que estão na tela. Gravina (2001) ressalta ainda que a Geometria Dinâmica incentiva o espírito de investigação matemática, de acordo com a autora, "sua interface interativa, aberta a exploração e à experimentação, disponibiliza os experimentos de pensamento. Manipulando diretamente os objetos na tela do computador". (GRAVINA, 2001, P. 89)

Ao utilizar abordagens que necessitam da utilização de computador, o professor exercerá função de mediador nesse processo, distinto daquele que ensina transmitindo as informações, aplicando exercícios e corrigindo aquilo que o aluno fez como certo ou errado. Nessa conjuntura, deve-se valorizar os conhecimentos que os alunos já possuem, ressignificar os possíveis erros, possibilitando que eles avancem na aprendizagem como sujeitos ativos, que questionam, formulam conjecturas e constroem conhecimentos enquanto executam as tarefas propostas.

Na sequência apresentaremos três das atividades propostas no produto educacional, seus respectivos objetivos e as considerações referente as aplicações.

Sequência de atividades para o ensino de semelhança de triângulos

O conjunto de tarefas de exploração do conteúdo está pautado no que recomendam Ponte (2008) e Ponte, Brocardo e Oliveira (2016) para a elaboração de tarefas de exploração e investigação[1]

> (...) tarefa possui um conceito próximo, mas distinto de atividade. Uma atividade pode incluir a execução de numerosas tarefas, pelo

---

[1] Neste artigo, usaremos os termos "tarefa" e "atividade" como sinônimos, apenas por questões de coesão textual, mas o significado que adotaremos será aquele dado por Ponte (2008) para tarefas de investigação.

seu lado, a tarefa representa apenas o objetivo de cada uma das ações em que a atividade se desdobra e é exterior ao aluno, embora possa ser decidida por ele. (PONTE et al, 2016, p. 24).

Em uma investigação matemática é possível programar-se em como será iniciada, mas nunca como ela irá acabar, Ponte; Brocardo e Oliveira (2016) recomendam que elas devem ser organizadas conforme o desenvolvimento vai ocorrendo, pois, de acordo com os autores a "variedade de percursos que os alunos seguem, os seus avanços e recuos, as divergências que surgem entre eles, o modo como a turma reage às intervenções do professor são elementos imprevisíveis numa aula de investigação." (PONTE et al, 2016, p. 25).

O conjunto de atividades foi pensado visando o objetivo principal de fazer com que os alunos percebam as propriedades de semelhança de triângulos, por meio da exploração e investigação. Apresentaremos a seguir as atividades e sugestões de como o professor poderá conduzi-las.

ATIVIDADE 1

Observe a imagem da figura, deixe a malha do GeoGebra ativa e amplie a imagem, na razão 2:1. Marque os ângulos em ambas as construções e após, responda os itens que seguem.

1) Calcule a área da figura já construída, depois calcule a área da figura ampliada que você construiu, em seguida determine a razão entre essas áreas.

2) Calcule o perímetro da figura já construída, depois calcule o perímetro da figura ampliada que você construiu e em seguida determine a razão entre eles.

3) Observe as razões encontradas entre as medidas dos lados da imagem, das áreas e do perímetro e estabeleça uma relação entre elas.

4) Essas figuras são semelhantes ou são iguais? Reflita sobre o significado dessas duas palavras relacionando os elementos que você analisou nos itens anteriores.

Fonte: geogebra.org (2019) adaptado

Objetivos

- produzir transformações e ampliação da figura em malhas quadriculadas, identificando seus elementos variantes e invariantes, de modo a introduzir os conceitos de congruência e semelhança;

- Analisar e descrever mudanças que ocorrem no perímetro e na área de uma figura ao ser ampliada ou reduzida;

- Refletir sobre os significados das palavras igual e semelhante e relacioná-los com os elementos matemáticos analisados nas duas figuras.

- Relacionar os conceitos de semelhança e proporcionalidade;

- Calcular distâncias reais a partir de uma representação.

Conhecimentos mobilizáveis
- Cálculo de área

- Cálculo de perímetro

- Razão

- Ângulos Congruentes

Duração prevista
- Duas aulas de 45 minutos

Considerações

Com esta tarefa pretende-se que os alunos reconheçam e compreendam a noção de semelhança a partir da ampliação e redução de figuras.A atividade foi adaptada do site GeoGebra.org, na original era exigido apenas que a figura fosse ampliada na razão 2:1. As perguntas foram pensadas com o objetivo de que por meio da ampliação os sujeitos percebessem que ao ampliar ou reduzir uma figura algumas características dela permanecem inalteradas (medidas dos ângulos) enquanto outras variam (medidas dos lados, área, perímetro). E quando a razão entre a medida dos lados é um número k, a razão entre seus perímetros é também igual a k e as áreas .

Também é possível que em sua execução os alunos possam refletir a respeito do significado das palavras igualdade e semelhança. O professor pode, inclusive, orientá-los a buscar o significado delas na internet estabelecendo a diferença entre o que é "parecido" e o que é "semelhante". O termo semelhante, quando usado coloquialmente, tem um sentido mais abrangente do que aquele que tem quando usado matematicamente.

Com relação às atividades cognitivas responsáveis pela compreensão das representações em Geometria, nesta tarefa observamos as apreensões abordada Duval (2011), quando visualiza a figura do barquinho e tem reconhecimento imediato e automático das características de uma figura, e percebe diferentes polígonos (triângulo; quadrado, retângulo e trapézio) compondo uma única figura.

O GeoGebra, neste caso, traz a vantagem em relação à malha em papel quadriculado da opção "distância, comprimento ou perímetro", esta função deve ser desativada para que os próprios alunos calculem as medidas de área e perímetro. Após a execução dos cálculos na ficha, a ferramenta pode ser ativada, novamente para que eles possam confirmar seus resultados. Além disso, ao mover os vértices dos polígonos que compões a figura, podem perceber que a razão entre as medidas também será modificada.

Os alunos poderão estar organizados em grupos de 2 ou de no máximo 3 na exploração desta tarefa, no entanto, é desejável que todos tenham oportunidade de manusear o software, e não apenas um aluno fique responsável por fazer as construções e os outros as anotações. Além disso, é importante que no fim da tarefa se faça uma discussão em grupo, para comparar e registar as várias relações encontradas pelos alunos.

No momento da discussão é importante que o professor permita que a turma socialize suas percepções registradas nas fichas. Um representante de cada equipe pode divulgar as respostas do grupo. Se houver possibilidade da utilização de um projetor multimidia, seria interessante mostrar algumas das construções da turma para que eles possam comparar com as suas. Caso a atividade seja adaptada para o uso do GeoGebra com o Smartphone, o professor pode criar um fórum de discussões em grupo no aplicativo de mensagens instantâneas, no qual poderá ser postadas os resultados das construções.

O momento de socialização da atividade é parte imprescindível da investigação, uma vez que nos aponta quais elementos devemos reforçar, quais devemos retomar além de estimular os sujeitos a questionar e socializar suas respostas. De acordo com Ponte, Brocardo e Oliveira (2016) a fase de discussão de uma investigação matemática é fundamental "para que os alunos possam desenvolver a capacidade de comunicar e de refletir sobre o seu trabalho e o seu poder de argumentação." (IBID, 2016, p. 41)

ATIVIDADE 2

Objetivos:

O principal propósito desta tarefa é que se ampliem e reduzam triângulos, recorrendo ao método da homotetia.

- Construir triângulos ampliados homoteticamente;
- Encontrar a razão de proporcionalidade;
- Identificar os lados homólogos nos triângulos ampliados;
- Observar quais elementos dos triângulos se alteram e quais permanecem inalterados quando estes são ampliados.

Conhecimentos mobilizáveis

- Interpretação de texto através do enunciado;
- Propriedades geométricas;
- Conceitos matemáticos de segmentos; ângulos; lados correspondentes
- Compreender os conceitos de razão, proporção e constante de proporcionalidade direta

Duração prevista

Duas aulas de 45 minutosFonte: geogebra.org (2019) adaptado pela autora

Construa um triângulo qualquer ABC com a ferramenta polígono. Assinale um ponto D fora dele. Trace três semirretas com origem em D passando pelos vértices A, B e C. Na sequência, crie uma circunferência passando pelo Ponto D e centro em A, marque as intersecções da circunferência e as semirretas, renomeie os pontos das intersecções por A_1; B_2; C_2 e construa um triangulo passando por esses pontos. Crie uma segunda circunferência, desta vez passando pelo ponto D com centro em A_1, marque as intersecções e renomeie os pontos delas de A_2; B_2 e C_2. Construa mais um triângulo com vértices nestes pontos. Construa a terceira circunferência com o centro em A_2 passando pelo ponto D. Novamente renomeie as intercessões da circunferência com as semirretas renomeando os pontos de A_3; B_3 e C_3. Por último, oculte as circunferências e o primeiro triângulo ABC. Após a construção salve o arquivo e responda as perguntas que seguem.

1ª) Movimente os Ponto A; B: C e D. Descreva o que você percebeu.

2ª) Marque os ângulos dos triângulos $A_1B_1C_1$; $A_2B_2C_2$ e $A_3B_3C_3$ que você observa com relação aos ângulos internos desses triângulos.

3ª) Meça os lados dos triângulos e deslocando os pontos A; B; C ou D o que você observou no item anterior continua válido?

4ª) Analisando a figura que você construiu no GeoGebra o que você pode afirmar com relação aos triângulos construídos. Consegue perceber similaridades entre eles? Em caso afirmativo, identifique o motivo dessa possível similaridade.

Fonte: geogebra.org (2019) adaptado pela autora

Considerações

Para a realização da tarefa o professor pode optar pela não utilização da opção homotetia presente no software. Pensamos ser mais proveitoso para o aluno utilizar uma sequência de recursos como ponto, reta, semirreta, ferramentas de compasso e polígono.

O aluno responderá as perguntas analisando a figura construída no GeoGebra, e utilizando seus recursos de arrastar/mover, constatar o que acontece com os lados e ângulos correspondentes em cada triângulo. Por meio do tratamento no registro figural dinâmico é possível executar os comandos dos itens da tarefa e responder as perguntas. Nesse caso espera-se que os alunos percebam que ampliando ou reduzindo os triângulos os valores dos ângulos permanecem sempre iguais e os lados são modificados. O principal intento para esta atividade é que a turma perceba que triângulos com tamanhos diferentes podem ter ângulos iguais, e que mesmo ampliando ou reduzindo seus tamanhos essa relação se mantém.

Na aplicação da sequência, pode haver dúvidas em relação à ferramenta "círculo definido por dois pontos". O professor deve esclarecer aos alunos sobre a função da ferramenta, discutindo a ideia de círculo, raio e diâmetro, os quais fazem o papel do compasso na construção geométrica. Além disso, entre as oportunidades de aprendizagem que podem ser criadas com essa atividade, destaca-se a utilização de noções geométricas importantes para a construção de polígonos como reta, semirreta e segmento de reta, além de chamar atenção para o conceito de raio e de diâmetro, e para diferença entre reta, segmento de reta e semirreta.

O recurso computacional proporciona ao aluno uma visualização dinâmica da ampliação de triângulos. Assim, os alunos têm a oportunidade de utilizar ferramentas de medida e realizar medições para em seguida responder as perguntas. Apresentamos na figura 2 um exemplo de construção no GeoGebra da atividade.

Considerações

Sugerimos cerca de 2/3 do tempo total do tempo total para resolver a tarefa, o tempo restante deve ser usado para a discussão das resoluções. Esta tarefa poderá ser resolvida em pares ou em grupos de três, dependendo do número de computadores disponíveis. Podendo ainda ser desenvolvida com o aplicativo para Smartphone, nesse caso, cada aluno deve fazer a sua construção, e as respostas das atividades podem ser feitas em dupla, pois dessa forma desenvolve o trabalho em grupo.

É indispensável uma discussão em grupo sobre as várias resoluções dos alunos em todas as perguntas, mas em especial na pergunta quatro. O professor pode conduzir as perguntas indagando o que a turma observou, que elementos sempre se mantiveram constantes? Quais mudavam de acordo com a movimentação dos pontos destacados. Esses elementos são essenciais para que a definição da propriedade seja formalizada na próxima atividade da sequência que será uma continuação desta atividade.

Figura 2: Triângulos ampliados homoteticamente criados pelos sujeitos no experimento do estudo

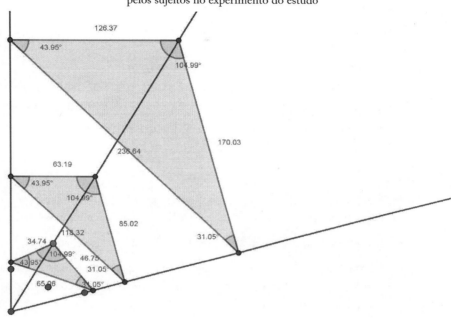

Fonte: acervo da autora (2019)

ATIVIDADE 3

– Abra o arquivo referente à atividade 2 salvo no seu smartphone/computador, e em seguida preencha a tabela a seguir.

		Lado I	Lado II	Lado III	Ângulo I	Ângulo II	Ângulo III
$\Delta t1$	Valor:						
	Rótulo:						
$\Delta t2$	Valor:						
	Rótulo:						
$\Delta t3$	Valor:						
	Rótulo:						

Fonte: a autora (2019)

I - Encontre a razão entre os lados correspondentes dos triângulos. vocês conseguem perceber alguma relação entre eles?

II - Quando movimentados os pontos X; Y; Z e K os valores das medidas dos lados dos triângulos sofrem aumento ou redução. Verifique se o valor da razão entre os lados correspondentes também sofre alteração.

III - Com suas palavras escreva uma conclusão para esta atividade. Analise a sua construção e a tabela preenchida, relacionando os elementos que podem sofrer alterações e os que permanecem sempre constantes e são comuns aos três triângulos.

Objetivos:

- Consolidar a noção de que triângulos de tamanhos diferentes, mesmo os que estejam em posições diferentes no plano, podem ter ângulos iguais;

- Introduzir a razão de semelhança entre os lados correspondentes;

- Consolidar a ideia de que duas figuras mantêm a mesma forma quando apresentam lados correspondentes proporcionais e ângulos correspondentes congruentes;

- Dar possibilidades aos alunos para que estes definam as condições para que dois ou mais triângulos sejam semelhantes;

- Reconhecer as condições necessárias e suficientes para que dois triângulos sejam semelhantes;

Conhecimentos mobilizáveis

- Razão;

- Proporção;

- Condição de existência de um triângulo;

- Interpretação de texto através do enunciado;

- Propriedades geométricas;

- Conceitos matemáticos de segmentos; ângulos; lados correspondentes

Duração prevista

- Duas aulas de 45 minutos

Considerações

A Atividade tem como foco principal o tratamento aos lados correspondentes dos triângulos. Nas Atividades 1 e 2 os alunos podem perceber que os ângulos das figuras construídas eram sempre congruentes, contudo, os seus lados eram de tamanhos variados. Nessa atividade é explorado o significado da razão de semelhança e qual o papel dela na ampliação ou redução no tamanho dos triângulos.

As possibilidades de resposta serão variadas, mas devem convergir no entendimento de que quaisquer que fossem os valores para os lados dos triângulos, a razão entre eles deveria ser sempre a mesma.

Esta atividade permite fazer um link com a primeira de maneira que os alunos possam perceber a relação existente entre os lados correspondentes da figura do barquinho pode ser percebida nessa atividade, bem como a medida entre os perímetros e as áreas. Com base nas respostas dos alunos e nas observações feitas por eles relacionadas aos ângulos congruentes e aos lados correspondentes o professor poderá formalizar as condições para que dois triângulos sejam semelhantes. Na figura trazemos um exemplo de uma configuração de construção da aplicação da atividade e o cálculo da razão entre os triângulos ABC e DEF.

Figura 3: Exemplo de construção da Atividade 3

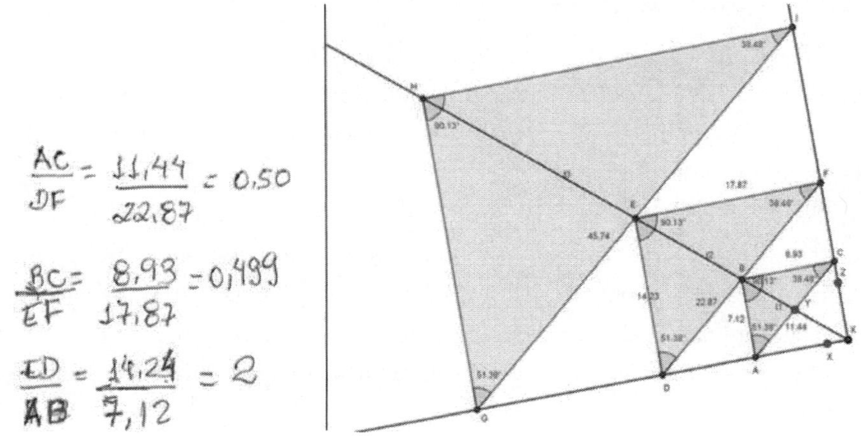

Fonte: acervo da pesquisa (2019)

Naturalmente, por diversos motivos, poderá haver alunos que não conseguirão encontrar triângulos semelhantes, o professor pode aproveitar esses casos e usá-los como contraexemplo, indicando que quando os triângulos não possuem ângulos congruentes e lados homólogos proporcionais não serão semelhantes.

Antes de formalizar a definição de semelhança entre os triângulos, é importante que o professor ouça as conjecturas dos alunos em relação ao que eles observaram nas construções feitas, no que diz respeito ao que acontece com os ângulos e lados dos triângulos.

Em vez de já apresentar a definição de Semelhança, sugere-se que o professor conduza a "conversa" com o grupo, tomando como ponto de partida a observação das características dos triângulos construídos, e que embora sejam idênticos, possuem elementos que se assemelham. E justamente com base nesses elementos, procurar sistematizar a definição da propriedade Semelhança de Triângulos.

No momento da sistematização os alunos podem procurar definições em diferentes fontes, inclusive no livro didático (caso utilizem algum), pois desta forma eles poderão identificar os elementos da propriedade em suas construções.

Algumas Considerações

Nesta proposta pedagógica de abordagem de Semelhança de triângulos, pretendeu-se por meio de uma sequência de atividade proporcionar ao professor uma opção de metodologia utilizando o recurso computacional GeoGebra e as representações dinâmicas.

No atual contexto não há como negar a influência das tecnologias digitais nos processos educacionais, e coerente com os preceitos da BNCC (2018) para o ensino de geometria, que defendem estratégias para aprendizagem eficaz pelas mídias. O uso da tecnologia educativa, seja por meio de software, ou aplicativos dinâmicos permite explorar e formalizar diferentes conceitos geométricos.

Consoante a isso, a geometria abordada por meio de representações dinâmica permite a exploração de conteúdos geométricos, como a Semelhança de Triângulos, de forma que utilizando as ferramentas do software, principalmente o recurso de arrastar/mover, torna a percepção das propriedades muito mais fácil e produtiva do que a apresentação em um livro didático, ou ainda em construções com lápis e papel.

As atividades foram pensadas para serem trabalhadas em sequências, preferencialmente em um laboratório de informática, contudo, todas podem ser executadas utilizando a versão do GeoGebra em aplicativos de Smartphones, pois temos consciência de que uma sala de informática com condições mínimas de utilização não é realidade de muitas escolas brasileiras.

Também temos coerência de que, em função do planejamento e extensão dos conteúdos, o professor pode não dispor de tempo para a aplicação da sequência em sua totalidade, dessa forma sugere-se que ele escolha àquelas que mais se aproximam do objetivo de seu planejamento, haja vista que o que apresentamos aqui são sugestões que promoveram a aprendizagem em um grupo de alunos, mas nada garante que efetivamente se repetirá em todas as classes onde forem aplicadas.

Consideramos ainda que o papel do professor na eficácia da sequência é extremamente importante, principalmente no sentido de valorizar as conjecturas dos alunos, assumindo um papel de mediador e facilitador da aprendizagem, recomendamos que ele assuma sempre a postura interrogativa, devolvendo os questionamentos ao invés de já entregar as respostas prontas, e principalmente considerar todas as percepções dos alunos, estejam corretas ou não.

Acreditamos que o sucesso do uso de qualquer tecnologia em prol da aprendizagem depende muito da postura do professor e da forma como é utilizada, não como um fim, mas um meio para alcançar objetivos determinados, uma vez que apenas a utilização do recurso pelo recurso não é garantia de sucesso nas aprendizagens. Assim, consideramos que a proposta de abordagem do conteúdo Semelhança de Triângulos contribui para uma reflexão acerca da utilização de meios informáticos em âmbito escolar para abordagens diferenciadas de conteúdos matemáticos.

Referências

BORBA, M.C; PENTEADO, M.G. **Informática e educação matemática** – 4ª.ed. Belo Horizonte –Autêntica, 2007. (Coleção tendências em educação matemática).

BRASIL. **Base Nacional Comum Curricular**. Brasília: MEC, 2018. Disponível em: http://basenacionalcomum.mec.gov.br/wp-content/uploads/2018/02/bncc-20dez-site.pdf

CABRAL, C. A. F. **Uma sequência de atividades com enfoque em representações dinâmicas para o desenvolvimento de conhecimentos de semelhança de triângulos** Dissertação (Mestrado em Educação matemática). Universidade Federal do Pará. Belém, PA. 2019.

DUVAL, R. **Registros de representação semiótica e funcionamento cognitivo do pensamento**: Revista Eletrônica de Educação Matemática, v. 7, n. 2, p. 266-297, 2012. TradMériclesThadeu Moretti.

_____. Registros de Representações Semióticas e Funcionamento Cognitivo da Compreensão em Matemática. In MACHADO, S.D.A (org.) **Aprendizagem Matemática: Registros de Representação Semiótica**. São Paulo, Papirus, 2008.

_____. Semiósis e Pensamento Humano: Registros Semióticos e aprendizagens Intelectuais. 1ª ed. São Paulo: Livraria da Física, 2009.

GRAVINA, M. A. **Os ambientes de geometria dinâmica e o pensamento hipotético-dedutivo**. Tese (Doutorado) – Universidade federal do rio Grande do Sul, 2001.

HARUNA, N. C. A. **Teorema de Thales: uma abordagem do processo ensino-aprendizagem.** Dissertação (Mestrado em Educação matemática) – Pontifícia Universidade Católica de São Paulo. São Paulo, 2000

PONTE, J.P; BROCARDO, J; OLIVEIRA, H. **Investigações Matemáticas na Sala de aula** – 3ª ed. Belo Horizonte, MG: Autêntica, 2016. (Coleção tendências em educação matemática).

Era Uma Vez...
Contar e Recontar Histórias:
perspectivas para inclusão

Helen do Socorro Rodrigues Dias
Isabel Cristina França dos Santos Rodrigues

Primeiro ato

Era uma vez...Contar e Recontar histórias: perspectivas para Inclusão que se originou da pesquisa de Mestrado Profissional da primeira autora e tratou do uso da contação de histórias no ensino-aprendizagem de ciências, como estratégia que possibilita a interação dialógica, no contexto educacional, de modo a contribuir com o desenvolvimento da Pessoa com Deficiência (doravante PcD), em uma perspectiva de inclusão educacional.

Inclusão educacional que envolva muito mais que frequentar a escola regular, muito além de somente ocupar um espaço físico da sala de aula. Ou seja, que os alunos possam ir além de ter seus direitos garantidos em documentos legais, inclusão que supere o olhar que destaca unicamente incapacidades. Dessa maneira, a inclusão se mostra como um processo mais humanístico, de valorização das diferenças, que reconheça os alunos como sujeitos que também constroem suas identidades/alteridade na interação sociocultural, que possuem possibilidades de desenvolvimento, que podem participar das atividades oferecidas e que merecem ser percebidos, olhados, acolhidos e potencializados nas suas singularidades.

Sendo assim, a construção da narrativa e do recurso que vamos apresentar, neste capítulo, nasceram de um anseio de construir mais uma possibilidade de estratégia de ensino-aprendizagem de ciências a partir da utilização da contação de histórias, com vista ao favorecimento não apenas do desenvolvimento da PcD, e sim, que possa alcançar a todos. Isso se justifica pelo fato de que tal estratégia envolve aspectos que fazem parte da vida humana, bem como:

ludicidade, imaginação, criatividade e interação com outro, sendo esses alguns dos fatores pontuados por Huizinga (2008); Zumthor (1997; 2018); Vigotski (2007; 2012; 2014); Bakhtin (2017; 2018) como fundamentais no processo ao desenvolvimento e para a construção da identidade dos sujeitos que se constituem na interação.

Neste contexto, nossa intenção foi compreender os aspectos da contação de histórias que contribuem com o processo ensino-aprendizagem de ciências pautado na perspectiva dialógica para a PcD. Desse modo, realizamos a organização e utilização da contação de histórias direcionadas ao atendimento de quatro PcD que são atendidos em uma instituição especializada no contraturno da escola regular, com faixa etária de seis a nove anos de idade. Tal investigação articulou três aspectos que consideramos importantes ao contexto educacional: ensino-aprendizagem de ciências; inclusão da PcD; lúdico por meio da contação de histórias como podemos observar de forma mais evidente no diagrama 01.

Diagrama 01: principais aspectos articulados nesta pesquisa

Fonte: Autoras (2019)

Dessa forma, a partir do diagrama 01, podemos compreender, de forma ainda mais clara, que a pesquisa se deu no ensino-aprendizagem de ciências por meio da estratégia lúdica de contação de histórias a PcD, sendo a linguagem o aspecto articulador entre os demais. Por isso, consideramos a linguagem como parte fundamental ao desenvolvimento humano e construção de sua identidade/alteridade, em uma perspectiva dialógica. Isso significa dizer que mobilizará distintas vozes sociais e ideológicas, trazer respeito e reconhecimento dos valores do outro, não tendo a intenção de "eliminar/anular" a PcD das relações e das interações que acontecem no ambiente escolar, e sim, que poderão reconhecer os alunos como sujeitos de valores, crenças, responsivo, que vive e compartilha experiências socioculturais.

Por conta disso, apresentamos este capítulo com o objetivo de difundirmos nosso produto educacional, resultado da pesquisa, anteriormente explicitada. Tal produto constitui-se de um material didático voltado para o ensino-aprendizagem de ciências de sujeitos deficientes, cujo tema é o corpo humano. Ressaltamos que construímos este produto no contexto do Atendimento Educacional Especializado (doravante AEE) de uma instituição especializada. Entretanto, elaboramos pensando para ser utilizado de um modo geral na educação, tanto no AEE, escola regular ou mesmo qualquer outra prática educacional.

Para tanto, este produto é constituído por dois itens, a saber: no primeiro elaboramos uma narrativa inédita, que trata de conceitos de ensino de ciências relacionados a temática corpo humano; o segundo é a materialização da narrativa em um kit composto pelas placas como os cenários e os personagens da narrativa, que foram ilustrados por meio de desenhos produzidos especificamente para este fim.

Nossa intenção é que este recurso com dupla função (e outras possíveis), construído a partir de nossa pesquisa, possa estar disponível aos professores e profissionais que tenham interesse de fazer uso em suas aulas. É válido ressaltar que não serão autorizadas as utilizações dos referidos recursos para fins de comercialização.

Diálogos teóricos

Os diálogos teóricos que constituem este texto pautam-se na corrente filosófica da linguagem a partir dos estudos Bakhtinianos e seu Círculo e de uma perspectiva de ensino-aprendizagem de ciências dialógico. Compreendemos aqui por perspectiva educacional dialógica como sendo uma educação de valorização das singularidade e diferenças dos sujeitos, que busca minimizar a partir de ações políticas e pedagógicas a exclusão dos sujeitos, especialmente dos estudantes deficientes, que têm a intencionalidade de reconhecer que a escola é lugar de pluralidade e que os alunos com deficiência têm potencial de desenvolvimento e que participam das interações "eu" e o "outro" e que constituem as identidades/alteridades nessas relações.

Podemos considerar a linguagem na perspectiva bakhtiniana fazendo parte de "todos os diversos campos da atividade humana" (BAKHTIN, 2017, p. 11), ou seja, ela se faz presente nas diferentes áreas dos saberes (científicos e cotidianos), bem como da vida de todos os sujeitos, pois todos nascem em um contexto sociocultural a partir de interações dialógicas que irão constituir cada sujeito, logo, a PcD deve ser considerado como fazendo parte deste universo, uma vez que, são capazes de interagir socialmente com os outros sujeitos e de forma responsiva.

Nestes termos, pensar o desenvolvimento da PcD ao longo do processo ensino aprendizagem de ciências, implica levar em consideração a fundamental importância da linguagem, a qual, na compreensão de Volóchinov (2017, p. 218-219) se dá a partir do "acontecimento social da interação discursiva que ocorre por meio de um ou de vários enunciados", que serão expressos das mais diversas formas, e que contribuem para a formação crítica desses sujeitos.

A partir dessas perspectivas, pensar o ensino-aprendizagem de ciências em nosso atual contexto social solicita dos professores e de todos que fazem parte deste contexto ações responsivas, que possam corroborar a formação cidadã dos alunos, sejam eles considerados deficientes ou não, em uma perspectiva que está para além de um processo exclusivo de ensino de conceitos científicos a serem decorados pelos estudantes.

Cachapuz *et al* (2005, p. 21) assinalam que "encontramo-nos, assim, face a um reconhecimento alargado da necessidade de uma *alfabetização científica* [...]". Em outras palavras, é a urgente necessidade de termos habilidades para participar de discussões nos mais distintos temas (políticos, religiosos e outros) e entender o universo em seus aspectos naturais e culturais. Por alfabetização científica entendemos pautando-nos nos estudos de Chassot (2002) que:

> pode ser considerada como uma das dimensões para potencializar alternativas que privilegiam uma educação mais comprometida. É recomendável enfatizar que essa deve ser uma preocupação muito significativa no ensino fundamental, [...]que a ciência seja uma linguagem; assim, ser alfabetizado cientificamente é saber ler a linguagem em que está escrita a natureza (CHASSOT, 2002, p. 91).

Em virtude disso, pensar o ensino-aprendizagem de ciências com vista à alfabetização científica é buscar uma formação integral do sujeito, que apreende o conhecimento científico e consegue perceber que isso faz parte de sua vida cotidiana. Isso inclui perceber que o conhecimento científico é necessário para se fazer uma leitura do mundo e ter reflexões nas tomadas de decisões. Sinalizamos que "a utilização do lúdico como recurso pedagógico na sala de aula pode constituir-se em um caminho possível que vá ao encontro da formação integral das crianças e do atendimento às suas necessidades". (RAU, 2013, p. 36). Compreendemos que as ações lúdicas, quando bem sistematizadas, podem contribuir para o processo de ensino-aprendizagem de todos os sujeitos, sejam eles considerados "típicos" e "não-típicos", ou seja, com deficiência, síndrome ou não, ao que se refere ao desenvolvimento da aprendizagem. A partir destas reflexões sobre o lúdico no ensino de ciências iremos discutir mais profundamente a respeito da prática da contação de histórias como estratégia possível no ensino de ciências buscando favorecer o processo de ensino- -aprendizagem da PcD, em uma perspectiva dialógica.

Pensar a contação de histórias como estratégia em um contexto lúdico que possa favorecer o processo de ensino-aprendizagem dos alunos (deficientes ou não) é possibilitar um olhar para educação em perspectiva mais humanística e dialógica, pois esta prática na educação propicia e fortalece a construção do conhecimento. O desafio é superar o ensino meramente tradicionalista – que torna passiva a voz, o agir e o pensar do aluno –, uma vez que, ao escutar histórias os alunos são desafiados em sua imaginação, criatividade, ampliação do seu vocabulário linguístico, cultural e social, em uma perspectiva de interação entre os sujeitos envolvidos, e ainda a questionar, a investigar e indagar as questões que estão presente no mundo que os cercam.

É a educação em um sentido que fomente as habilidades críticas e participativas do aluno, tendo em vista ainda, que "a arte dos contadores de histórias poderá contribuir em muito com as práticas dos professores" (MATOS, 2014, p. 142), podendo colocar o docente em reciprocidade com os alunos, ou seja, ampliar o terreno da alteridade que se faz presente na sala pois, está prática convoca tanto o professor como os alunos para o ato de escuta e de resposta responsiva. Na perspectiva da Cozzi (2015):

> Narrar pressupõe olhar nos olhos, beber da experiência que anda de boca em boca, visitar mundos e criar outros, exercer o ouvir e o falar, elaborar e reelaborar o que está sendo narrado, entre tantos outros benefícios que o narrador/ouvinte adquire. (COZZI, 2015, p. 82).

Assim, contar histórias proporciona o favorecimento de diferentes aspectos que se fazem presente na relação professor-aluno e aluno-aluno, contudo é válido destacarmos, que a ação do contar histórias não se constitui de qualquer forma, mas que ela exige que o docente possa lançar mão de alguns saberes fundamentais para a realização do contar: repertório de histórias, apropriação da narrativa, *performance* e outros. Nestes termos, podemos compreender que a ação performática se dá a partir da natureza do meio, do gestual, oral e do ritual (ZUMTHOR, 2018), para tanto, entendemos a performance como a harmonia entre corpo, voz, gestos, ambiente, narrativa, ouvinte e o cerimonial que envolve, e certamente todos esses elementos se fazem presente na *performance* da contação de histórias. É ainda nesta perspectiva de benefícios que esta estratégia proporciona a ação do professor compreende-se também os reflexos de suas contribuições para o desenvolvimento das habilidades sociais, culturais, intelectuais, cognitivas de todos os sujeitos que fazem parte do contexto de sala de aula. Neste sentido, esta estratégia também é compreendida como positiva para o desenvolvimento da aprendizagem da PcD e o favorecimento do processo de inclusão educacional desses sujeitos. Para Freitas (2016, p. 61):

> O ato de contar histórias significa oferecer mais uma possibilidade de recurso para realização da inclusão, porque contar histórias representa entrar em relação, interagir, estabelecer contato, olhar o

outro em várias circunstâncias, principalmente na inclusão quando se pretende ir além da socialização e alcançar também a aprendizagem e o desenvolvimento da pessoa segundo suas singularidades.

Em outras palavras, é reconhecer a contação de histórias como uma estratégia que potencializa a inclusão nesta perspectiva de que estes sujeitos têm potencial de aprendizagem do conhecimento científico. Assim, consideramos válido destacar que, a abordagem de inclusão que versamos está em termos de uma inclusão educacional com olhar humanístico, ou seja, de desenvolvimento integral dos sujeitos, valorização das diferenças e respeito às singularidades ao longo do processo de ensino-aprendizagem de ciências. E neste sentido de valorização das diferenças segundo Buber (2011, p. 17) nos coloca que, "os homens são essencialmente diferentes uns dos outros [...]. A grande perspectiva da humanidade reside exatamente na diversidade dos homens, na diversidade de suas características e aptidões".

Em uma reflexão acerca das palavras deste autor podemos considerar que a singularidade do homem é exatamente o que lhe torna alguém único, que ensina e aprende de formas diferentes, que apresentam distintas habilidades, que podem buscar por caminhos distintos para se chegar em um mesmo lugar, que podem articular processos psicológicos e biológicos de formas desiguais. Em outras palavras, a partir das diferenças e do reconhecimento da importância de todos, podemos fortalecer nossos processos de desenvolvimentos individuais e sociais.

Em ação... para uma contação de inclusão

Agora, vamos dialogar acerca da nossa prática com a contação de histórias, no contexto do AEE para a PcD, a pesquisa que embasou a construção deste capítulo foi do tipo pesquisa-ação, sustentada pelos estudos de Tripp (2005). O desenvolvimento foi no contexto de uma instituição especializada no atendimento de pessoas com deficiência intelectual, múltipla e autista; sendo sujeitos: uma professora do AEE e quatro alunos PcD, com idade entre 06 a 09 anos, que frequentam a escola regular e no contraturno do atendimento na instituição. Os alunos se apresentavam da seguinte maneira: um com Síndrome de Down, dois com deficiência intelectual e um com o diagnóstico de autismo apontando comorbidade de deficiência intelectual. Os critérios de escolha destes alunos se deram por serem alunos que estão regularmente matriculados e frequentam o ensino regular.

A pesquisa foi desenvolvida a partir de cinco etapas que foram planejadas e articuladas para o melhor desenvolvimento da investigação. Vale ressaltar que todas as etapas foram elaboradas e executadas de forma flexível e buscando respeitar o "contínuo de espirais cíclicas" presentes no contexto de uma pesquisa-ação (TRIPP, 2015). No quadro 1 é possível observarmos de forma sucinta e objetiva cada uma das etapas e os recursos que foram mobilizados ao longo do estudo.

Quadro 1: etapas e recursos mobilizados na pesquisa

Etapas	Recursos Mobilizados
Seleção da temática e subtemática do ensino-aprendizagem de ciências	• Observações da professora
Atividade de diagnose dos conhecimentos prévios dos alunos	• Diagnose 1: Observações da professora • Diagnose 2: Atividade lúdica envolvendo pintura
Seleção de histórias, estratégias de contação	• Busca por histórias envolvendo a subtemática • Estratégias para a contação da história
Construção de materiais, recursos e mobilizações docente	• Criação da narrativa da história • Construção do recurso para a contação da história
Contação e recontagem da história	• Contação da história pela mediadora • Recontagem da história pelos alunos

Fonte: Autoras (2019)

É possível ter acesso a todas as etapas, de forma detalhada, no texto completo da dissertação. Contudo, daremos ênfase no contexto deste capítulo as duas últimas etapas, na intenção de explorarmos, apresentarmos e dialogarmos acerca do uso da contação de histórias como uma estratégia possível e valiosa para o desenvolvimento do processo ensino-aprendizagem da PcD, não somente no contexto do ensino de ciências, mas para um ato de educar responsivo.

Etapa de criação da narrativa e construção dos recursos

Esta etapa exigiu muitas articulações de diferentes saberes, diálogos entre áreas distintas e contribuições de muitos colaboradores para que pudéssemos realizar a elaboração da história e a construção de materiais e recursos. O primeiro momento desta etapa foi a construção de uma narrativa. A escolha de elaboração de uma história se deu em virtude de não termos encontrado uma narrativa que tratasse da temática selecionada – corpo humano – assim, optamos pela criação de uma narrativa inédita que pudesse ser utilizada na prática da contação de história no contexto do ensino-aprendizagem de ciências. Isso não indicaria um "gatilho" para tratar dos conceitos científicos, mas como um universo de possibilidades que explorasse a interação, o lúdico, a imaginação, criatividade e instigasse os alunos a querer saber mais sobre os saberes científicos envolvidos.

No segundo momento desta etapa, realizamos a construção de um recurso (kit para contação figura 1), a materialização da narrativa a partir de desenhos que posteriormente foram impressos em papel couchê, tamanho A3 e para dar maior estabilidade às placas com os cenários da narrativa. Fizemos molduras com miriti e para que os desenhos pudessem ser pregados em quadro magnético usamos imã de 10mm, assim constituímos a história em um objeto concreto, na intenção de que fosse utilizado para contar a narrativa.

Figura 1: kit para contação

Fonte: Autora (2019)

O objetivo da construção do kit foi garantir que a PcD pudesse visualizar a história sendo construída por meio do recurso. Os alunos poderiam fazer uso para o reconto da história, especialmente para os alunos que ainda estão em desenvolvimento quanto às práticas de oralidade, pois nossa intenção é de garantir as vozes desses sujeitos, no contexto educacional.

Etapa da contação da história pela professora e reconto pelos alunos

Nesta etapa foram dois momentos: um da contação da história pela professora e o outro de reconto pelos alunos. Em ambos os momentos, ressaltamos que os alunos estavam engajados a participar de forma responsiva – escutando e recontando atentamente e buscando relações com suas vivências e experiências.

Para estes momentos direcionamos um encontro por semana, sendo dois para o contar e um para o recontar, com uma hora de duração cada, totalizando três. A contação da história foi realizada no ambiente da sala de atendimento dos alunos, local em que eles já estavam familiarizados, a organização do ambiente, conforme figura 2, com uma colcha colocada no chão. O quadro magnético sobre a colcha e encostado na parede. No quadro já ficavam pregadas as placas com os cenários da história e os personagens e acessórios ficavam dentro de uma caixa pequena. A referida organização era necessária, pois quando os alunos adentravam a sala já sabiam que teríamos contação de histórias, e eles já entravam e iam tirando os calçados e buscando um lugar na colcha para se sentar ou até ficar deitados, bem de frente para o quadro.

Figura 2: espaço da sala de atendimento

Fonte: Autoras (2019)

No primeiro momento, acontecia a contação da história pela professora para os alunos. Iniciamos com o marcador inicial que é como um "ritual" de início da contação para o ouvinte "levanta a mão direita, levanta a mão esquerda, esfrega uma na outra, bem forte, e quando estiver bem quente coloque nas orelhas, feche os olhos. Novamente, esfregue as mãos e quando estiver quente pegue na mão da pessoa que está ao seu lado, a professora então, olhando nos olhos do ouvinte, fala: – porque quem conta e escuta história divide calor e emoção. Por fim, esfregue as mãos novamente e ainda mais forte e abrindo as mãos uma ao lado da outra de um sopro, e mais uma vez a professora olhando nos olhos do ouvinte, fala: – porque quem conta e escuta história espalha palavras de amor e afeto pelo mundo inteiro". Descrição do narrador final: "– e quem escutou pegue a mão direita e a mão esquerda e mais uma vez esfrega e sopra ainda mais forte: – porque quem escuta e reconta história espalha palavras de amor e afeto pelo mundo inteiro". Neste momento, os alunos sempre interagem de forma alegre e entusiasmados.

Ao iniciarmos a narrativa vamos apresentando o desenho dos personagens e gradativamente construindo cena a cena. É o contar a história, e ao mesmo tempo, ir mostrando as cenas no próprio recurso. Ao final da história, marcamos seu término, repetindo a parte final do marco inicial, "Por fim...

vamos esfregar as mãos novamente e ainda mais forte e abrindo as mãos uma ao lado da outra de um sopro, e mais uma vez a professora olhando nos olhos do ouvinte, fala: – porque quem conta e escuta história espalha palavras de amor e afeto pelo mundo inteiro".

No segundo momento, convidávamos os alunos para recontar a história, fazendo uso do recurso. Eles sempre faziam questão de começar a partir do marco inicial, e recontaram a narrativa fazendo uso do recurso, todos buscaram acrescentar aspectos de sua vida, de suas experiências à narrativa, demonstrando indícios de que haviam compreendido a histórica que escutaram e que não queriam simplesmente repetir o que foi contado. Os quatro alunos interagiram e exploraram o material disponibilizado ao máximo para o recontar, e ao mesmo tempo, estavam sempre preocupados com a professora que era a ouvinte naquele momento. De um modo geral, todos estiveram muito empenhados para recontar a histórias, especialmente por poderem manusear o recurso, cada aluno contou à sua maneira e dentro de suas possibilidades.

Para contar e recontar histórias

Apresentamos agora a narrativa criada e o recurso construído para o desenvolvimento da pesquisa, compreendemos que é de fundamental relevância o compartilhamento desses recursos, para que eles possam ganhar novos horizontes no contexto educacional, na intenção de contribuir para a uma educação dialógica.

Narrativa

Destacamos que temos a intenção de que esta narrativa possa ser utilizada para a contação, bem como que os docentes possam se apropriar e construírem novos desdobramentos, pois ela tem característica de inacabamento, como um convite para que possa ser ampliada e/ou seguir novos desdobramentos.

Um amigo pra valer!

Helen Dias
Moysés Alves
Isabel Rodrigues

Era uma vez, uma menina que se chamava Ceci. Ela adorava brincar no parque. Certa vez, Ceci brincando entre as plantas encontrou um objeto bem diferente, era um tronco de um manequim.

Então, ela resolveu deixá-lo guardado no banco ali próximo e continuou a brincar. De repente a menina encontrou os membros superiores do manequim e correu em direção ao banco para encaixá-los no tronco e pensou:

– Vou procurar o que ainda falta!

Animada, ela passou a procurar as partes que faltavam do manequim. Encontrou a cabeça com pescoço e foi logo encaixar. Em seguida, encontrou membros inferiores e os encaixou. Assim, o manequim ficou completo.

Ceci sentou-se ao lado do manequim e ficou a imaginar de quem ele poderia ser. Olhou para um lado, olhou para o outro, mas como não viu ninguém procurando por ele. Passou a imaginar que o manequim era seu amigo e assim ficou brincando com ele por horas, horas e horas...

O Sr. Antônio que estava passando pelo parque avistou a menina brincando com o manequim e disse:

– Este manequim é da dona da loja!

E Ceci perguntou:

– Quem é a dona da loja? Como eu faço para reconhecê-la? Como eu a encontro?

Seu Antônio logo respondeu:

– A dona da loja é a Ana. Pega aqui esse papel e lápis e desenha as características dela que vou já falar. Ela é uma senhora de altura mediana, tem um rosto redondo, membros superiores (braços) finos e membros inferiores (pernas) grossos, cabelos cacheados e pele negra.

Ceci agradece ao senhor e fica a pensar:

– Poxa…, mas vou devolver o manequim logo agora que ele é meu amigo!?

Ceci se sentou ao lado do manequim muito triste e segurando o desenho com as características da mulher e refletiu sobre a situação, mas, logo decidiu:

– Amigo manequim, vou te entregar para a dona da loja, pois isso é o certo!

Carregando o manequim e o desenho, Ceci seguiu em direção à rua das lojas. Lá percebeu uma senhora que parecia estar procurando algo. A menina olha para o desenho que havia feito e vê que a senhora tem as mesmas características. Então ela vai falar com a mulher:

– A senhora é a dona da loja de manequim? O que a senhora está procurando?

A mulher responde:

– Sim, sou dona da loja e estou procurando um manequim que caiu do caminhão de entrega. Meu nome é Ana

Ceci, então diz:

– Seria esse?

Dona Ana fica muito feliz e responde:

– É esse sim! Que bom que você o encontrou e o trouxe para mim.

A dona da loja decidiu agradecer a menina e chama seu filho para entregar à Ceci um presente. Era um par de patins e os equipamentos de segurança.

Ceci fica muito feliz, pergunta o nome do menino:

– Me chamo Pedro. Você quer andar de patins agora?

Ceci animada diz que sim, e então Pedro a ajuda a colocar os equipamentos de segurança: joelheira (para proteger os joelhos), cotoveleira (para proteger os cotovelos), capacete (para proteger a cabeça) e por fim coloca os patins. E os dois saem juntos patinando.

Depois do passeio de patins de horas passeando, o Pedro diz que precisa voltar para a loja da sua mãe.

Pedro diz:

– Tchau Ceci!

Os dois se abraçam e Ceci volta para o parque. Ceci se senta no banco para descansar e logo faz uma reflexão:

– Estou tão feliz…, pois ganhei um amiguinho de verdade! Ele tem duas orelhas; dois olhos lindos; um nariz; uma boca que fala, fala; muitos dedinhos na mão, polegar, indicador, dedo médio, anelar e mindinho. O Pedro é todinho de verdade!

Daquele dia em diante Ceci e Pedro se tornaram bons amigos e passaram sempre a brincar e andar de patins juntos.

Recurso

O recurso é constituído por dois cenários, figura 3 e 4, o primeiro é uma praça, local que inicia e termina a narrativa, o segundo é uma rua "rua das lojas Marajoara", cenário que também acontece a história.

Figura 3: desenho cenário 1

Fonte: desenho Andrei Miralha (2019)

Figura 4: desenho cenário 2

Fonte: desenho Andrei Miralha (2019)

Também fazem parte do recurso cinco personagens, figura 5, estes têm cada um o seu momento de integrar a narrativa.

Figura 5: desenho dos personagens da narrativa

Fonte: desenho Andrei Miralha (2019)

Utilizamos estas imagens – que foram cedidas, quanto ao seu direito autoral, pelo artista Andrei Miralha –, para a construção do kit, que materializa a narrativa.

Ato final ou cenas para um novo olhar?

Poderíamos agora discorrer sobre nossas considerações finais, mas destacamos que são considerações para suscitar cenas para um novo olhar, por compreendermos que este diálogo é uma convocatória para se pensar no universo de possibilidades que a utilização da contação de histórias no ensino-aprendizagem de ciências (e de outras áreas do conhecimento) pode proporcionar para todos, no contexto escolar, e em especial para o processo de inclusão da PcD.

Na seção que apresentamos o primeiro ato, neste capítulo, esclarecemos que, para este estudo, a linguagem é o eixo articulador entre os seguintes aspectos: o ensino-aprendizagem de ciências, a inclusão da PcD e o lúdico por meio da contação de histórias, pois a partir destes diálogos é possível compreendermos alguns conceitos que são importantes para uma concepção de educação dialógica.

Consideramos uma educação dialógica, aquela em que se reconhece a pluralidade e valorização das diferenças, em termos que é cabível as singularidades que cada sujeito apresenta, os distintos discursos, diferentes formas de ensinar-aprender e compreender o mundo que os cercam, em que os sujeitos têm vozes e podem agir responsivamente, sem o "julgamento" de que todos devem ser parte de uma sociedade que só se desenvolve ser for de forma hegemônica e que busca apassivar e doutrinar os alunos em seu agir e pensar.

Neste contexto, podemos conceber um processo ensino-aprendizagem de ciências em que a PcD seja reconhecida como sujeito, não somente de direitos, mas que escuta e responde de forma responsável, que interagem socialmente, que possui tons emotivo-volitivo para participar ativamente no âmbito da sala de aula, que são cidadãos e cidadãs que deve ter acesso aos saberes científicos, na intenção de constituírem-se de forma crítica e participativa nas questões sociais.

Destacamos ainda que esta narrativa pode apresentar novos desdobramentos, até temos algumas sugestões: uma narrativa que a personagem Ceci sai para tomar um sorvete com seu amigo Pedro, um deles questiona quanto tomamos o sorvete, ou comemos outras coisas para onde os alimentos vão?...; Pedro e Ceci ao passear de patins, um deles cai e fere o joelho, um deles pergunta o que é o sangue? De onde ele vem?... como vemos outras histórias podem ser criadas a partir deste texto base, até mesmo para garantir maior exploração do recurso construído.

Ademais, podemos construir jogos educativos que os personagens participam do contexto do jogo, como uma forma de ampliar os diálogos, por diferentes perspectivas lúdicas. Mas, ressaltamos que queremos mesmo é que o leitor possa criar e compartilhar com outros professores novos desdobramentos ao que aqui iniciamos.

Nesse contexto, destacamos que, a partir da realização de nossa pesquisa e análise dos dados, nos foi possível compreendermos que o uso da contação de histórias contribui para o ensino-aprendizagem de ciências, pois possibilita um horizonte discursivo, um contexto que convoca o aluno para questionar, indagar, querer compreender e relacionar os saberes científicos aos seus conhecimentos e experiências de vida. Neste sentido, é importante percebermos que esta pesquisa traz em sua essência um olhar para o processo de inclusão em perspectiva humanística, de valorização das diferenças, de compreensão que a PcD tem potencialidades de aprendizagem e desenvolvimento, desde que lhes sejam oferecidas condições. Elas estão muito além de pensar somente em recursos pedagógicos, mas que estão na natureza das interações dialógicas que lhes são oportunizadas de vivenciar.

Por conta disso, assinalamos que uma educação nessa perspectiva contribui para o desenvolvimento e fortalecimento das interações dialógicas, no processo ensino-aprendizagem para todos os sujeitos que frequentam a escola, sejam eles deficientes ou não. A eles será dado espaço, voz, acesso ao conhecimento científico que seja possível articular com os acontecimentos do mundo que o cercam, em síntese a garantia, na prática, de uma formação de cidadãos críticos, capazes de fazer suas escolhas e tomadas de decisões de forma responsiva.

Referências

BAKHTIN, M.M. **Para uma Filosofia do Ato Responsável.** [Tradução aos cuidados de Valdemar Miotello & Carlos Alberto Faraco]. P.41–146. São Carlos: Pedro & João Editores, 2017.

BUBER, M. **O Caminho do Homem. Segundo o ensinamento chassídico.** São Paulo. Editora: É Realizações, 2011.

CAHAPUZ, A. **A necessária renovação do ensino de ciências**. São Paulo, 2005.

CHASSOT, A. **Alfabetização científica: questões e desafios para a educação.** 8ª Edição. Editora Unijuí, 2002.

COZZI, A. L, S, **Tessituras poéticas: educação, memória em saberes e narrativas da Ilha grande/ Belém-PA.** Dissertação de mestrado, Universidade do Estado do Pará. 2015.

FREITAS, N. C. M. O contar história como recurso na inclusão escolar, In: SANTOS, F. C.; CAMPOS, A. M. A. (Orgs), **A contação de histórias contribuição à neuroeducação.** Rio de Janeiro: Wak Editora, 2016.

MATOS, G. A. **A palavra do contador de histórias**: sua dimensão educativa na contemporaneidade. 2ª ed. – São Paulo: Editora WMF Martins Fontes, 2014.

RAU, M.C.T.D. **A ludicidade na Educação:** uma atitude pedagógica. Curitiba, Editora Ibpex, 2013.

VOLÓCHINOV, V. **Marxismo e Filosofia da Linguagem:** problemas fundamentais do método sociológico na ciência da linguagem. Tradução, notas e glossário dd Sheila Grillo e Ekaterina Volkova Américo. P. 201-226. São Paulo. Editora 34, 2017.

ZUMTHOR, P. **Performance, réception, lecture.** São Paulo: Ubu Editora, 2018.

Atividades Práticas para o Ensino de Biodiversidade Genética no Ensino Médio: o uso do DNA barcode e de um modelo didático

Elson Silva de Sousa
Ana Cristina Pimentel Carneiro de Almeida

O presente texto traz um recorte de uma dissertação que teve como objetivo geral investigar as contribuições da abordagem CTS no desenvolvimento de uma sequência de ensino sobre conteúdos de biodiversidade e genética no ensino médio (SOUSA, 2017).

Os conhecimentos associados à biodiversidade são ensinados, prioritariamente, nos níveis de ecossistemas e de espécies e, nem sempre, contempla a biodiversidade genética. O ensino de biodiversidade, frequentemente, concentra-se na caracterização taxonômica e morfológica das espécies, ecossistemas e biomas em detrimento de outros contextos tão importantes quanto como os contextos evolutivo e molecular (CARDOSO-SILVA; OLIVEIRA, 2013; SILVA; MACIEL, 2016; OROZCO, 2017).

Por outro lado, a abordagem dos conteúdos curriculares em genética frequentemente é superficial e, geralmente, enfrenta dificuldade para a construção de conhecimentos pautados na contextualização social do conhecimento e dos fenômenos estudados ou dirigidos por questões interdisciplinares, com atividades práticas, que relacionem o problema investigado com o problema social ou tecnológico (PEIXE *et al.*, 2017; BELMIRO; BARROS, 2017).

Além disso, a abordagem muitas vezes é fragmentada, com pouca contextualização sócio-histórica ou tecnológica e, nem sempre, estimula ou estabelece conexões significativas com os conhecimentos prévios e o cotidiano dos alunos, quando não, essas relações se dão apenas em boxes restritos, tornando assim o ensino desestimulante (CARDOSO-SILVA, OLIVEIRA, 2013; TEMP, 2014; GRANDI *et al.*, 2014; MOREIRA, 2021).

Diante disso, é imprescindível que o ensino de conteúdos conceituais, procedimentais e atitudinais relacionados à genética, contemple a biodiversidade genética e envolva não somente os aspectos biológicos, mas também aspectos históricos, morais, éticos, econômicos, políticos e sociais.

Em face do exposto, é importante estimular a construção e/ou ampliação de estratégias no ensino de Biologia, tendo em vista a produção de materiais didáticos alternativos que propiciem ambientes favoráveis para a formação do educando que considere a articulação de saberes conceituais, procedimentais e axiológicos com objetivos de possibilitar ao estudante a capacidade de interpretar problemas sociocientíficos, de exercer a sua cidadania e tomar decisão socialmente responsável.

Isto porque o ensino que tem a centralidade quase exclusiva nos conteúdos conceituais não somente dificulta a própria aprendizagem dos conceitos como também impossibilita a formação científica do estudante que compreenda a responsabilidade social frente a questões sociocientíficas atuais, as quais requerem fundamentação científica, tecnológica e reflexão axiológica, de valores e atitudes. Por isso, é necessário superar o reducionismo conceitual e integrar os aspectos conceituais, procedimentais e axiológicos da ciência no planejamento de disciplinas e temas científicos (VILCHES; SOLBES; GIL-PÉREZ, 2004; CONRADO; NUNES-NETO; EL-HANI, 2020).

Dessa maneira, apresentamos o desenvolvimento de duas atividades didáticas que compuseram um conjunto de quinze atividades, numa sequência de ensino sobre conteúdos de biodiversidade e genética com ênfase em Ciência, Tecnologia e Sociedade (CTS), no ensino médio, desenvolvido no âmbito do mestrado profissional (PPGDOC/UFPA) e que foi implementada no contexto da sala de aula ao longo de vinte horas aulas junto a estudantes do terceiro ano do ensino médio de uma escola da rede federal de ensino.

Com isso, intentamos investigar em que medida o desenvolvimento de atividades centradas na participação ativa dos estudantes, pode contribuir como estratégia didática inovadora para o processo de ensino e aprendizagem de conteúdos conceituais, procedimentais e atitudinais de biologia, especificamente sobre biodiversidade, com enfoque na genética.

Biodiversidade: conceitos, níveis e conservação

O termo biodiversidade é uma combinação da expressão diversidade biológica e foi introduzido pelo biólogo americano Walter G. Rosen no Fórum Nacional sobre a Biodiversidade, uma conferência realizada em Washington, D.C. em 1986. Em 1988, os trabalhos de Rosen foram editados por Edward O. Wilson sob o título *Biodiverstity*[2] (SCARANO; GASCON; MITTERMEIER, 2010).

Seguidamente, a palavra biodiversidade passou a ser utilizada frequentemente pela comunidade científica e diferentes definições surgiram, principalmente, a partir da Convenção sobre Diversidade Biológica (CDB) ocorrida durante a Conferência das Nações Unidas sobre Meio Ambiente e Desenvolvimento (CNUMAD) realizada na Cidade do Rio de Janeiro em junho de 1992, também conhecida como RIO-92, ECO-92 ou Cúpula da Terra (MARTINS; OLIVEIRA, 2015; OLIVEIRA; MARANDINO, 2011).

A expressão biodiversidade é conceituada de diversas forma e em diferentes contextos, do saber científico ao senso comum, com foco no ambiente, na política e na economia, entre outros (MARQUES, 2015; OLIVEIRA; MARANDINO, 2011). Para este trabalho, a definição adotada é aquela que abrange os três níveis: diversidade de ecossistemas, diversidade de espécies e a diversidade genética. Em outras palavras,

> [...] a variação entre os organismos e os sistemas ecológicos em todos os níveis, **incluindo a variação genética nas populações**, as diferenças morfológicas e funcionais entre as espécies e a variação na estrutura do bioma e nos processos ecossistêmicos tanto nos sistemas terrestres quanto aquáticos (RICKFLES, 2010, p. 368, grifo nosso).

Enquanto o nível da diversidade de espécies representa as diferentes espécies (intra e interespécies) em um ecossistema ou em toda a biosfera, sendo diminuída à medida que desaparecem por extinção; a diversidade de ecossistema abrange as muitas interações entre as populações de espécies e com o meio em que vivem, além da diversidade de habitats (REECE, 2015).

---

2   WILSON, E. O. **Biodiversity**. National Academy Press Washington, D.C. 1988. Disponível em: https://www.nap.edu/read/989/chapter/1. Acessado em: 28 de janeiro 2017.

Já a diversidade genética consiste na variação genética individual *dentro* de uma população e na variação genética *entre* populações. Essa variabilidade é resultante das diferenças na composição dos genes ou outras sequências de DNA entre os indivíduos e se origina quando ocorre uma mutação – *mudança na sequência de nucleotídeos no DNA de um organismo*, uma duplicação gênica ou em outros processos que produzem novos alelos e novos genes. A diminuição da diversidade genética reduz o potencial adaptativo da espécie, o que aumenta o seu risco de extinção (REECE, 2015).

Os conceitos de gene e biodiversidade são um dos mais importantes da Biologia, podendo ser considerado, segundo a ideia de Gagliardi (1986), como um conceito estruturante[3] porque são fundamentais para a compreensão dos fenômenos biológicos que regem a vida.

Primeiro, porque a diversidade é uma característica natural intrínseca aos seres vivos e encontra-se em todos os diferentes níveis de organização da vida. As competências de compreender e tomar consciência da biodiversidade podem facilitar a aprendizagem de novos conhecimentos, por exemplo, sobre a dinamicidade dos processos biológicos evolutivos, o conceito de espécie, a classificação dos seres e a origem da diversidade na Terra.

Segundo, a diversidade é intraespecífica. A diversidade genética é responsável pelas diferenças individuais entre os indivíduos de uma espécie. A linguagem do código genético é universal e esclarece a "unidade e diversidade" dos seres vivos. O entendimento de conceitos de variabilidade, seleção natural, extinção, mutações no DNA, hereditariedade genética é facilitado quando o indivíduo detém o conhecimento da biodiversidade intraespecífica.

É importante ressaltar que atividades humanas podem ocasionar sérios prejuízos à biodiversidade em escalas local, regional e global. A alteração de habitats, a introdução de espécies exóticas, a exploração de espécies em taxas que excedem a capacidade de recuperação de suas populações e as mudanças ambientais são exemplos das principais ameaças à biodiversidade (SADAVA, 2009).

---

3 Conceito cuja construção transforma o sistema cognitivo, permitindo adquirir novos conhecimentos, organizar os dados de outra maneira, transformar inclusive os conhecimentos anteriores [...] não existe um significado *per se* de cada conceito. Cada significado é o resultado do jogo de interações mútuas entre todos os elementos intervenientes (GAGLIARDI, 1986, p. 31, tradução nossa).

O valor da biodiversidade é imensurável e os argumentos que sustentam o debate em torno da preocupação com a perda da biodiversidade vão desde justificativas filosóficas e éticas até a garantia da sobrevivência da humanidade, passando pelos benefícios práticos que a biodiversidade proporciona à sociedade, entre os quais, o fornecimento de medicamentos e alimentos, os motivos econômicos, os serviços ecossistêmicos e culturais (SADAVA, 2009).

Metodologia

O estudo realizado constitui-se uma pesquisa qualitativa de abordagem interpretativa (LÜDKE; ANDRÉ, 2015), orientada pelo aporte teórico-metodológico da investigação-ação educacional (MALLMANN, 2015), tendo como prospecção a pesquisa da própria prática pedagógica (LISITA; ROSA; LIPOVETSKY, 2012).

As duas atividades que apresentamos nas próximas seções foram planejadas num processo autocriativo de construção a partir da experiência acadêmico-profissional do professor-pesquisador, pelos estudos desenvolvidos na primeira etapa da pesquisa de revisão bibliográfica e reflexões sobre o cotidiano dos alunos envolvidos.

A implementação das atividades ocorreu numa sala de aula de Biologia, numa unidade da Rede Federal de Educação, com a utilização de um caderno didático produzido para a pesquisa do mestrado profissional do primeiro autor, disponibilizada no eduCAPES (http://educapes.capes.gov.br/handle/capes/572610).

Didaticamente, as atividades foram estruturadas considerando objetivamente conteúdos conceituais, procedimentais e atitudinais (ZABALA, 1998) e com relação à dinâmica didático-pedagógica conhecida como os Três Momentos Pedagógicos – Problematização Inicial; Organização do Conhecimento; Aplicação do Conhecimento (DELIZOICOV; ANGOTTI; PERNAMBUCO, 2002).

Os participantes foram um grupo de dezenove estudantes do terceiro ano do Curso Técnico em Meio Ambiente Integrado ao Ensino Médio que aceitaram participar da intervenção didático-pedagógica, por meio da assinatura do termo de consentimento livre e esclarecido, incluindo os pais ou responsáveis pelos estudantes.

As técnicas e instrumentos selecionados para a produção de dados durante o processo de ensino-aprendizagem foram: i) a *observação participante* de modo flexível, aberto, sistemático; ii) os *diálogos em grupo* para produzir informações dos estudantes sobre dinâmicas, percepções e acontecimentos surgidos no decorrer da aplicação da sequência de ensino e não captadas na observação; iii) a *produção textual* dos estudantes nas atividades escritas, individuais e em grupo, e oral registradas ou não nos cadernos didáticos entregues aos estudantes no início da intervenção didático-pedagógica; iv) e a *aplicação de questionário.*

Cabe frisar que utilizamos o critério de validação interna *"a posteriori" ou "empírica"*, conforme discutido pela autora Méheut (2005) para avaliar a sequência didática implementada, preliminarmente, para fins próprios do desenvolvimento desta pesquisa. A validação interna é aquela que permite avaliar a eficácia da sequência didática em relação aos objetivos de aprendizagem que nortearam a elaboração da sequência (MÉHEUT, 2005).

Desse modo, o percurso de aprendizagem dos alunos foi observado durante o desenvolvimento da proposta de ensino, permitindo inferir se os objetivos de aprendizagem definidos foram ou não alcançados por meio das atividades realizadas.

As informações obtidas ao longo do processo de intervenção didático-pedagógica foram submetidas à triangulação metodológica e a análise interpretativa. A análise interpretativa possibilita a interpretação de dados produzidos por meio das ideias do pesquisador considerando referências selecionadas e a partir dos significados explicitados no material analisado (SEVERINO, 2007).

A Resolução de um Suposto Crime Ambiental (Atividade 1)

A resolução de um suposto crime ambiental é uma atividade que proporciona a imersão dos alunos em um cenário de investigação forense que exige a execução de uma pesquisa BLAST – Ferramenta de Pesquisa Básica de Alinhamento Local – para identificação genética de espécie, considerando a sequenciação de DNA de material biológico coletado de modo a recolher provas de investigação policial.

Os alunos assumem o papel de um fiscal ambiental e utilizam a ciência e a tecnologia a fim de elucidar um suposto crime, envolvendo uma empresa de beneficiamento de madeira, a qual estaria utilizando, em seus processos industriais, madeira em risco de extinção e, portanto, proibida de extração.

A tecnologia de sequenciamento de DNA permite identificar a ordem das bases nitrogenadas no DNA, podendo fornecer informações úteis para questões sócio-biológicas importantes, por exemplo, a determinação de anomalias genéticas, o aconselhamento genético, a biologia forense, a classificação de espécies e a conservação da biodiversidade.

Os alunos praticam procedimentos de pesquisa em bioinformática no *Barcode of Life Data System* (BOLD), utilizando sequências curtas de marcadores moleculares do gene *rcbl* presente, exclusivamente, no DNA dos cloroplastos de plantas. Dessa maneira, a atividade pode favorecer o entendimento de como a ciência é praticada no mundo real.

Essa ferramenta de bioinformática permite realizar a comparação entre uma sequência de nucleotídeos desejada com todas as outras sequências de diversos organismos armazenadas na base de dados. Assim, através da utilização de um ou mais marcadores genéticos é possível identificar a espécie correspondente à amostra consultada baseada numa comparação com a biblioteca de referência (RATNASINGHAM; HEBERT, 2007).

A atividade permite que os alunos experimentem uma simulação de processo de investigação forense, utilizando conhecimentos genéticos para compreender a resolução do caso através de procedimentos e ferramentas que são frequentemente usados pelos geneticistas.

Inicialmente, os alunos leem a situação-problema (https://bit.ly/atividadebold) e assistem a um vídeo, abordando o Código de Barras da Vida (https://youtu.be/ZImiXgU6bCk). Em seguida, no laboratório de informática (figura 1), acessam a plataforma do BOLD na internet (http://www.boldsystems.org) e um documento Web (https://bit.ly/barcoding1) que contém as duas sequências dos marcadores genéticos das amostras de madeira obtidas na investigação e, finalmente, utilizam o sistema de identificação padrão para códigos de barras de planta armazenado na plataforma do BOLD.

Ao final, os alunos respondem a perguntas para registrarem as espécies correspondentes às duas amostras sequenciadas; explicarem por que foram utilizadas as sequências do gene *rbcL* para a identificação taxonômica das espécies envolvidas e outra questão a fim de estimular o aluno a pensar no papel do Código de Barras de DNA no estudo da biodiversidade.

Os objetivos conceituais, procedimentais e atitudinais que se esperava alcançar com essa atividade são:

a) Compreender a relação entre avanços científico-tecnológicos em genética e biodiversidade, conhecendo técnicas e ferramentas da engenharia genética que permitem acessar, estudar, compreender, manipular o material genético dos seres vivos para ser capaz de questionar sobre as aplicações e as implicações da engenharia genética na sociedade.

b) Utilizar ferramenta de bioinformática para comparar sequências curtas de material genético a fim de identificação genética de espécie;

c) apreciar a ciência da biotecnologia e ver como os conceitos genéticos estão relacionados ao desenvolvimento de novas tecnologias na área da agricultura, medicina, engenharia, entre outras.

Figura 1. Estudantes realizando a atividade no laboratório de informática.

Fonte: Imagens do autor (2017).

Na aplicação dessa atividade, as respostas dadas pelos alunos ao questionário mostraram que todos eles conseguiram identificar que as amostras obtidas na empresa correspondiam às árvores das espécies *Swietenia macrophylla* (mogno-brasileiro) e *Hevea brasiliensis* (seringueira). Depois de uma pesquisa na internet, os alunos se apropriaram da informação de que ambas as espécies têm corte proibido no Brasil por Decreto.

Os alunos também conseguiram deduzir que o gene *rbcl* permite identificar, especificamente, as espécies devido à sequência das bases nitrogenadas e reconhecer a importância do código de barras de DNA no estudo da biodiversidade à medida que pode servir na: a) identificação de espécies de forma rápida e precisa, independentemente do ciclo de vida do organismo; b) na avaliação de ameaça de espécies invasoras, por exemplo; e c) na conservação da biodiversidade.

Os alunos Marcos e Ana compartilharam que ainda não haviam pensado na possibilidade de desvendar uma suspeita de crime ambiental com a utilização de técnicas de sequenciamento de DNA. A aluna Lara comentou que, quando assistia à série televisiva de investigação criminal CSI[4], os peritos coletaram provas *"para ver se o DNA batia com o suspeito"* numa investigação de assassinato, por exemplo.

É fato que a mídia televisiva e a internet têm um impacto considerável na vida das pessoas, influenciando, de forma positiva ou negativa, em especial, os jovens inseridos em um mundo cada vez mais tecnológico (JACOB, MAIA, MESSEDER, 2017). Por isso, Melo e Carmo (2009, p. 604) chamam à atenção para a "necessidade de contextualização dos conhecimentos" biológicos, veiculados diariamente nos mais variados veículos de comunicação na sociedade, sobretudo entre os alunos do ensino médio.

Dessa maneira, o professor precisa estar atento ao fosso entre a ficção e a realidade, o entretenimento e a experimentação, a compreensão e a invenção, além de sempre buscar contextualizar e ampliar as matérias jornalísticas, culturais ou artísticas numa abordagem reflexiva acerca das relações presentes entre a ciência, a tecnologia e a sociedade.

A avaliação empírica realizada por meio das respostas apresentadas evidencia uma possível influência da prática em bioinformática na aprendizagem ativa dos alunos sobre os marcadores moleculares, sobre o código de barras da

---

4   CSI: Crime Scene Investigation é um drama policial envolvendo uma equipe de investigadores forenses treinados para resolver casos criminais, coletando evidências irrefutáveis na cena do crime e encontrando as partes faltantes que resolvem o mistério. A série fez do DNA um termo popular para milhões de fãs em mais de cento e setenta países que aprenderam a importância de material biológico como, sangue, saliva e pele como evidência que ajudam a resolver crimes (www.cbs.com/shows/csi).

vida e a biodiversidade, não só porque a maioria dos alunos respondeu corretamente às questões propostas, mas também porque segundo os alunos como a atividade foi desenvolvida, sob a mediação do professor, motivou-os a querer compreender o que estavam praticando.

Assim, a atividade, que se baseou no uso de contextos e aplicações científicas como meio de desenvolver a compreensão científico-tecnológica para a resolução de uma questão socioambiental, não só apresentou o conhecimento em genética de forma diferenciada como também forneceu aos alunos a possibilidade de aplicar o conhecimento de genética, previamente, conhecido por eles e adquirir novos conhecimentos motivados pela resolução de um problema científico autêntico.

Ainda, indica que os alunos aprendem melhor quando têm a oportunidade de adquirir conhecimentos e habilidades para aplicá-los em contextos relevantes e significativos como, por exemplo, em práticas científicas, assim também apontado por Martins (2020).

Um Modelo Didático para Auxiliar no Ensino da Biodiversidade Genética (Atividade 2)

Essa atividade se concentrou no desenvolvimento da compreensão de conceitos em genética e biodiversidade a partir da análise de diferenças morfológicas de indivíduos de uma determinada espécie de borboleta fictícia. Foi usado um modelo projetado para fins desta pesquisa, em colaboração com duas bolsistas de iniciação científica e um colega professor mestre em genética e melhoramento.

O modelo simula o evento da fecundação aleatória a nível cromossômico entre dois representantes de borboletas. O que é feito por meio da construção analógica concreta e prática de uma relação de aparência com a realidade do processo meiótico e do fenômeno da herança biológica. A atividade possibilita que os alunos manipulem objetos biológicos em diferentes níveis de organização.

O modelo, apresentado na figura 1, consiste em uma *base de apoio* retangular confeccionada com material de compensado coberta por uma capa imantada e peças diversas fabricadas com folhas de Etil Vinil Acetato (E.V.A).

Essas peças representam os cromossomos com identificação dos *loci* de seis genes e as diferentes partes do corpo do corpo de uma borboleta.

Figura 2: Alunos montando a borboleta com base na separação e mistura aleatórias dos cromossomos dos genitores.

Fonte: Imagens do autor (2017).

A fictícia espécie da borboleta representada no modelo possui quatro pares de cromossomos (2n = 4) e cinco marcantes diferenças morfológicas observáveis: i) *cor das asas* (laranja, amarela ou verde); ii) cor do *abaulamento das antenas* (azul ou verde); iii) *tamanho do tórax-abdômen* (6, 7, 8, 9 ou 10 cm); iv) *listras no tórax-abdômen* (presente – azul ou verde – ausente); e v) *mancha nas asas* (manchada ou não).

Um quadro sumário da herança fictícia (https://bit.ly/genesalelos) com as explicações moleculares e bioquímicas possíveis (genótipo) para o aparecimento da diversidade das características morfológicas (fenótipo) observáveis na borboleta é entregue aos grupos depois que eles movimentam e determinam quais cromossomos estarão presentes na constituição da nova borboleta.

É importante ressaltar que a ideia de que a função dos genes é codificar proteínas é um tanto simplificada, tendo em vista as recentes descobertas das funções múltiplas dos genes. No entanto, para fins da atividade na educação básica, essa ideia atende às expectativas porque suporta explicar uma vasta gama de fenômenos genéticos, além de poder servir como base para a aprendizagem aprofundada sobre os genes.

Antes que os alunos tenham contato com o modelo didático disponibilizado, é fundamental conhecer o entendimento prévio deles para, posteriormente à realização da atividade, inferir as potencialidades ou limitações da utilização do modelo na mudança dos conceitos prévios dos alunos para novos conhecimentos biológicos construídos, por exemplo, por que os filhos se parecem com seus pais? O que são e onde estão os genes no corpo dos seres vivos? Como os genes funcionam? Quais os mecanismos e fenômenos envolvidos na produção de descendentes e a hereditariedade, como: DNA, genes, proteínas, cromossomos, meiose?

Para a realização da atividade, os alunos são divididos em grupos de trabalho. Cada grupo recebe os materiais do modelo e as orientações sobre o que devem fazer, em seguida, eles manuseiam as peças de forma autônoma. Durante o trabalho dos alunos com os modelos, é importante questionar os alunos no intuito de possibilitar o entendimento do assunto estudado e de saber o porquê eles estão pensando ou fazendo daquela maneira ou de outra.

Os objetivos conceituais, procedimentais e atitudinais que se esperava alcançar com essa atividade são:

a) Compreender as relações das diferenças morfológicas e diversidade genética a partir da fecundação aleatória com base num conjunto de alelos predeterminados de uma espécie fictícia de borboleta.

b) Utilizar materiais didáticos manipuláveis para simular a diversidade entre indivíduos da mesma espécie.

c) Valorizar a diversidade biológica no planeta, nos mais diferentes níveis, bem como a manutenção da vida e conservação da biodiversidade.

Na aplicação dessa atividade, embora todos os alunos tenham confirmado que estudaram sobre estruturas genéticas (DNA, cromossomos, genes, entre outras) no semestre anterior à aplicação da atividade e indicarem saber que essas estruturas estão no interior das células, poucos compreendiam claramente e sabiam dar explicações sobre as relações entre elas e como o DNA poderia determinar as diferenças entre indivíduos da mesma espécie ou de espécies diferentes.

As respostas e explicações dos alunos demonstraram pouca compreensão sobre fenômenos genéticos e a relação entre os modelos genéticos e moleculares. Durante os questionamentos, poucos conseguiram explicar, por exemplo, como um gene poderia determinar certa característica em um ser vivo. Apesar das dificuldades observadas, dois alunos apontaram as proteínas como sendo as responsáveis na mediação dos efeitos genéticos.

Uma situação observada na ideia dos alunos esteve relacionada à conclusão equivocada de que as células deveriam conter apenas os genes que lhes são necessários para produzir o fenótipo desejado, assim, as células da pele, por exemplo, teriam genes diferentes das células musculares, assim também apresentado nos trabalhos de Paiva e Martins (2005) e Santos et al. (2021).

Em contraste, após a intervenção, os alunos conseguiram dar explicações mais assertivas com base em entendimentos advindos da experiência da utilização do modelo didático. Por exemplo, 15 alunos (15/19) mencionaram, de forma espontânea, a diversidade alélica dos seis genes abordados como algo que contribui para a diferença entre os indivíduos de uma mesma espécie. Eles exemplificaram o fato de uma borboleta resultante do trabalho de um grupo ter tórax-abdômen menor e listrado e numa outra borboleta o tórax-abdômen ser maior e não listrado em virtude das escolhas aleatórias que cada grupo fez.

Outra situação explicitada pelos alunos foi em relação ao sistema sexual das borboletas. Todos os alunos mencionaram conhecer apenas o sistema de determinação sexual XY, no qual a fêmea é homogamética (XX) e o macho heterogamético (XY). No entanto, a determinação sexual das borboletas e de outros seres vivos é oposta, isto é, o macho é o homogamético (ZZ) e a fêmea, heterogamética (ZW).

Ao final, os grupos de alunos discutiram entre si, com mediação docente, sobre o trabalho que fizeram. Conforme a avaliação, o modelo favoreceu: i) propiciar uma imagem mais concreta para explicar o processo de herança biológica, pois antes não conseguiam fazer; ii) promover a compreensão e associação simulada entre os conceitos de DNA, gene, alelo e cromossomo e um melhor entendimento das relações conceituais entre os genes (material genético) e as proteínas (produto); e iii) aumentar o vocabulário relacionado a assunto de genética como, por exemplo, dominância/recessividade, dominância incompleta, codominância, herança poligênica, sistema de determinação sexual e características ligadas ao sexo.

> Alice: [...] por exemplo, quanto eu estudei genética, eu entendia que VV dava a cor verde, mas o porquê disso eu não conseguia compreender muito bem. Fazer esse jogo me ajudou a entender isso melhor.

> Ana: Com essa atividade, eu aprendi a diferenciar os tipos de cromossomos e que nem todas as espécies obedecem à determinação sexual que ocorre na espécie humana.

> Felipe: Eu entendi que a herança genética pode ser de vários tipos. E que pode ter explicações moleculares diferentes para um mesmo jeito de representar o alelo, tipo assim, professor, o Aa e o Bb, pode ter jeito diferente de se expressar.

Essas ideias dos alunos corroboram com a avaliação reflexiva e comparativa entre os momentos de pré-atividade, durante-atividade e pós-atividade realizado a partir da observação participante e das análises posteriores dos áudios-gravações de cada grupo.

Com base no exposto, salientamos que o ensino de genética deve propiciar aos alunos o desenvolvimento da capacidade de interligar os modelos genéticos e moleculares. Em outras palavras, os alunos devem entender que não é a representação genética dos alelos que por si só gera o fenótipo, como se pôde observar no imaginário de boa parte deles. Ao contrário, eles devem explicar que as letras, tão somente, são representações abstratas de sequências nucleotídicas de versões do gene, que contém a informação para a produção de proteínas cuja função gera o fenótipo. Assim, são as proteínas as mediadoras centrais dos efeitos dos genes, ter consciência disso é indispensável para explicar mecanismos moleculares vinculados aos modelos genéticos.

Obviamente, o reconhecimento da necessidade para um mecanismo pelo qual os genes podem ser expressos no fenótipo só é possível se o aluno entender que o gene e a característica não são equivalentes e que o genótipo e o fenótipo atuam em diferentes níveis.

No geral, o modelo da simulação de borboleta mostrou, em primeiro lugar, ser uma ferramenta útil para o ensino-aprendizagem de conceitos científicos abstratos de difícil compreensão em genética e ideias contraintuitivas para os alunos. Ainda, o modelo foi capaz de despertar a motivação e atenção dos alunos para entender os conceitos científicos contemplados.

Em segundo lugar, ao considerar a avaliação pós-atividade, é possível dizer que a atividade proporcionou aos alunos melhor compreensão de que todos os organismos têm um conjunto de genes. Neste, cada um pode ter versões diferentes do mesmo gene, os alelos; que os alelos, por questões didáticas, são representados por meio de letras maiúsculas, minúsculas e, por vezes, com letras sobrescritas, e que as diferentes combinações de alelos (por exemplo, AA, Aa, aa) podem resultar na produção de diferentes proteínas que geram os diferentes tipos de fenótipos.

Em terceiro lugar, quase todos os alunos (17/19) declararam entender, ao final da atividade, que o fenótipo observável pode tanto estar associado à presença de determinada proteína nas células ou tecidos dos seres vivos quanto a sua ausência ou, ainda, à produção de uma proteína não funcional.

Considerações Finais

Frisamos a pertinência do ensino sobre a biodiversidade, no ensino médio, para a formação de indivíduos capazes de participar criticamente e de forma responsável de debates atuais que requerem domínio do conhecimento sobre a diversidade biológica, principalmente os cidadãos que vivem num país com uma das maiores biodiversidades do planeta.

As atividades que ora apresentamos neste capítulo nos mostram a importância de avançar nos estudos e pesquisas a fim de compreender possibilidades e implicações do ensino e aprendizagem de conteúdos biológicos significativos na vida de professores e alunos. Acreditamos ser possível a esses atores do processo educativo fazer escolhas conscientes e fundamentadas, visando a um futuro melhor para todas as espécies com quem partilhamos este planeta extraordinário.

Os resultados sinalizam que os esforços para a elaboração de propostas metodológicas diversificadas de ensino e aprendizagem que colaborem para melhores condições de ensino, em paralelo com um desenvolvimento profissional contínuo, com a formação para a cidadania, podem ajudar os professores a usar em suas aulas e a desenvolver temas de interesse social, contextualizados e interdisciplinares.

Ponderamos que a utilização de ferramentas de bioinformáticas não somente contribuem com a aprendizagem de conteúdos de biologia como tópicos sobre a biodiversidade e genética, mas também influenciam na compreensão das práticas científicas dos alunos, pois estes aprendem com a execução de atividades que simulam a realidade, oportunizando a aplicação de conhecimentos científicos em contexto real.

Além disso, o ensino de biologia deve essencialmente considerar o modelo molecular do DNA no nível químico e biológico, oportunizando aos alunos o aprendizado, a compreensão dos conceitos mais abstratos de genética como, por exemplo, os alelos ou de processos moleculares.

Referências

BELMIRO, M. S.; BARROS, M. D. M. Ensino de genética no ensino médio: uma análise estatística das concepções prévias de estudantes pré-universitários. **Revista Práxis**, v. 9, n. 17, p. 95-102, 2017.

CARDOSO-SILVA, C. B.; OLIVEIRA, A. C. Como os livros didáticos de Biologia abordam as diferentes formas de estimar a biodiversidade? **Ciência & Educação (Bauru)**, v. 19, n. 1, p. 169-180, 2013.

CONRADO, D. M.; NUNES-NETO, N.; EL-HANI, C. N. Dimensões dos conteúdos mobilizados por estudantes de biologia na argumentação sobre antibióticos e saúde. **Educação e Pesquisa**, v. 46, 2020.

DELIZOICOV, D.; ANGOTTI, J. A.; PERNAMBUCO, M. M. **Ensino de ciências**: fundamentos e métodos. São Paulo: Cortez, 2002.

GAGLIARDI, R. Los conceptos estructurales en el aprendizaje por investigación. **Enseñanza de las ciencias**, v. 4, n. 1, p. 30-35, 1986.

GRANDI, L. A; CASTRO, R. G. de; MOTOKANE, M. T.; KATO, D. S. Concepções de monitores e alunos sobre o conceito de biodiversidade em uma atividade e trabalho de campo. **Cadernos CIMEAC**, v. 4, n. 1, p. 5-21, 2014.

JACOB, T. dos S. G.; MAIA, E. D.; MESSEDER, J. C. Desenhos animados como possibilidades didáticas para ensinar conceitos químicos nos anos iniciais. **Revista de Ensino de Ciências e Matemática**, v. 8, n. 3, p. 6177, 2017.

LISITA, V.; ROSA, D.; LIPOVETSKY, N. Formação de professores e pesquisa: uma relação possível. In: ANDRÉ, M. (org.). **O papel da pesquisa na formação e na prática dos professores**. 12. ed. Campinas, SP: Papirus, 2012.

LÜDKE, M.; ANDRÉ, M. E. D. A. **Pesquisa em educação: abordagens qualitativas**. 3. ed. Editora Pedagógica e Universitária, 2015

MALLMANN, E. M. Pesquisa-ação educacional: preocupação temática, análise e interpretação crítico-reflexiva. **Cadernos de Pesquisa**, v. 45, n. 155, p. 76-98, 2015.

MARQUES, R. P. **A pesquisa sobre Biodiversidade no ensino de ciências (Biologia)**: caminhos e tendências a partir dos descritores do Centro de Documentação em Ensino de Ciências – CEDOC. Graduação em Ciência da Natureza. Universidade Estadual da Paraíba, Araruna, 2015.

MARTINS, M. R. **Elaboração e aplicação de uma ferramenta para análise do diálogo em sala de aula:** um estudo em atividades de ensino fundamentado em modelagem nos contextos cotidiano, científico e sociocientífico. Tese (Programa de Pós-Graduação em Educação - Conhecimento e Inclusão Social) - Universidade Federal de Minas Gerais. 2020.

MARTINS, C.; OLIVEIRA, H. T. Biodiversidade no contexto escolar: concepções e práticas em uma perspectiva de Educação Ambiental crítica. **Revista Brasileira de Educação Ambiental (RevBEA)**, v. 10, n. 1, p. 127-145, 2015.

MÉHEUT, M. Teaching-learning sequences tools for learning and/or research. In: Boersma *et al.* (Ed.). **Research and the quality of science education**. (p. 195-207). Dordrecht: Springer. 2005.

MELO, J. R.; CARMO, E. M. Investigações sobre o ensino de Genética e Biologia Molecular no Ensino Médio brasileiro: reflexões sobre as publicações científicas. **Ciência & Educação (Bauru)**, v. 15, n. 3, p. 593-611, 2009.

MOREIRA, M. M. Ensino de Ciências: críticas e desafios. **Experiências em Ensino de Ciências**, v. 16, n. 2, 2021.

OLIVEIRA, A. D.; MARANDINO, M. A biodiversidade no saber sábio: investigando concepções de biodiversidade na literatura e entre pesquisadores. **Revista de Educação, Ciências e Matemática**, v. 1, n. 1, 2011.

OROZCO, Y. A. O ensino da biodiversidade: tendências e desafios nas experiências pedagógicas. Góndola, **Enseñ Aprend Cienc**, v. 12, n. 2, p. 173-185, 2017.

PEIXE, P. D. *et al.* Os temas DNA e Biotecnologia em livros didáticos de biologia: abordagem em ciência, tecnologia e sociedade no processo educativo. **Acta Scientiae**, v. 19, n. 1, 2017.

RATNASINGHAM, S.; HEBERT, P. D. N. BOLD: The Barcode of Life Data System (http://www. barcodinglife. org). **Molecular ecology notes**, v. 7, n. 3, p. 355-364, 2007.

REECE, J. B. *et al.* **Biologia de Campbell**. 10. ed. Trad. Anne D. Villela. Porto Alegre: Artmed, 2015.

RICKEFLES, R. E. **A economia da natureza**. 6. ed. Rio de Janeiro: Guanabara Koogan, 2010.

SADAVA, D. *et al.* **Vida:** A Ciência da Biologia. Volume 2: Evolução, Diversidade e Ecologia. 8. ed. Porto Alegre: Artmed, 2009.

SANTOS, F. S. *et al.* Sequência didática fundamentada na neurociência para o ensino de genética. **Revista Electrónica de Enseñanza de las Ciencias**, v. 19, n. 2, p. 359-383, 2020.

SCARANO, F. R.; GASCON, C.; MITTERMEIER, R. A. O que é biodiversidade? **Scientific American. Brasil. Edição especial**, n. 39, 2010.

SEVERINO, A. J. **Metodologia do trabalho científico**. 23. ed. rev. e atual. São Paulo: Cortez, 2007.

SOUSA, E. S. de. **Ensino-aprendizagem de conteúdos de biodiversidade e genética com ênfase em ciências, tecnologia e sociedade**. Dissertação (Mestrado Profissional em Docência em Educação em Ciências e Matemáticas) - Programa de Pós-Graduação em Educação em Ciências e Matemática, Instituto de Educação Matemática e Científica, Universidade Federal do Pará, Belém, 2017.

SILVA, E. J.; MACIEL, M. D. O tema sociocientífico biodiversidade nas situações de aprendizagem do currículo do estado de São Paulo. **Indagatio Didactica**, v. 8, n. 1, 2016.

TEMP, D. S. **Genética e suas aplicações**: identificando o tema em diferentes contextos educacionais. Tese (Doutorado). Universidade Federal de Santa Maria. Programa de Pós-Graduação em Educação em Ciências: Química da Vida e Saúde, RS, 2014.

VILCHES, A.; SOLBES, J.; GIL–PÉREZ, D. Alfabetización científica para todos contra ciencia para futuros científicos. **Alambique**, Barcelona, v. 41, p. 89–98, 2004.

ZABALA, A. **A prática educativa: como ensinar**. Porto Alegre: Artmed, 1998.

Scrapbook e Ensino de Ciências: utilização como recurso pedagógico no ensino de biologia no nível médio

Felipe Farias Pantoja
Eduardo Paiva de Pontes Vieira

Scrapbook Citológico

A ciência e a tecnologia fazem parte do nosso cotidiano e na contemporaneidade, de forma dinâmica e interativa. Em contraponto a esta característica está o fato de termos disseminados no meio escolar, práticas pedagógicas baseadas em um ensino que, conforme refere Maldaner (2007), está centrado na memorização de conceitos, definições e acúmulos de informações e que pouco contribuem para a verdadeira compreensão dos educandos, o que acaba por gerar algum desconforto nas práticas de ensino.

A biologia é um componente curricular comumente associado ao ensino pautado na aprendizagem de conceitos intrinsicamente relacionados à um grande e variado repertório de vocábulos. Neste sentido, vincular as práticas docentes à ações práticas e dialogadas pode melhorar a compreensão dos estudantes nesse componente, especificamente, entendemos que a citologia como objeto de conhecimento da biologia no nível médio necessita ser discutida a partir dessa perspectiva, proporcionando aos educandos a compreensão destes conceitos em seu cotidiano, algo que não tem sido adequadamente trabalhado (OLIVEIRA; PIANCA; SANTOS e MANCINI 2015).

O estudo das células, apesar de sua importância, apresenta conceitos, estruturas e processos por vezes abstratos e que em muitos casos são apresentados exclusivamente por meio dos livros didáticos, o que pode tornar o processo mais exaustivo e mais difícil em termos de aprendizagem (NASCIMENTO, 2016). No âmbito das práticas docentes, Oliveira *et al.* (2015), referem que os estudantes tendem a não manifestar interesse pela disciplina, principalmente quando a abordagem se atém a aulas expositivas com os limitados recursos apresentados nas escolas. A necessidade de pesquisar e propor metodologias alternativas que possam contribuir para amenizar essas lacunas no ensino de ciências é uma constante das pesquisas na área de ensino, nestes termos, nos propusemos a investigar o uso do scrapbook como recurso pedagógico no ensino de citologia no primeiro ano do ensino médio, estabelecendo a premissa que esta técnica pode auxiliar, de forma simples e viável, as práticas de ensino que abordam conceitos citológicos e que envolvam estudantes possibilitando aprendizagens condizentes ao que se intenciona no referido nível de escolaridade.

O scrapbook é uma terminologia vinda do inglês e significa "álbum de recorte", pois se considera o fato dele ser elaborado com recortes de materiais que, além de imagens, podem ser constituídos por textos, artigos publicados em livros, revistas ou quaisquer outras fontes, mídias audiovisuais, e objetos como flores prensadas, cartões postais, pedaços de tecidos dentre outros (HUNT, 2006). É possível estender a definição do scrapbook para além do meio físico como o "papel", concebendo-o também como algo que pode ser realizado de forma *online*. Sua aplicabilidade vem ganhando credibilidade em diversos setores e especificamente no caso da educação é notória sua possibilidade para contribuir com objetivos relativos à escrita e leitura. Sobre esse aspecto Bazerman (1994, p. 20) afirma que "seus autores inevitavelmente irão se envolver na leitura e escrita sobre determinadas temáticas. Sendo assim, eles sustentam muitos objetivos educacionais, o que lhes credencia como um instrumento pedagógico capaz de auxiliar na construção de conhecimentos."

Criar alternativas de recursos pedagógicos que possibilitem abordar os objetos de conhecimento científico de forma lúdica, autônoma e significativa é algo que pode mobilizar educadores dessa área. Nesse sentido, o uso do scrapbook como recurso pedagógico no ensino de ciências pode estar em um contexto desejável na medida em que os álbuns de recortes utilizam constantemente imagens, algo considerado fundamental no ensino de ciências uma vez que a própria conceptualização depende muitas das vezes da visualização, além disso, como refere Santella (2012), a escrita, unida à imagem, ao som, ao movimento pode afastar a visão restrita à decifração de letras e do enunciado verbal, criando um novo tipo de leitor, chamado de 'leitor imersivo'.

Segundo Mendes (2006), as imagens, no âmbito pedagógico, representam importante papel na representação de conceitos científicos, contudo, isto deve ocorrer na escola com uma alfabetização da leitura visual tal como ocorre na alfabetização da leitura escrita, para que desta forma os educandos possam ter mais êxito na leitura e interpretação das imagens. O educador "ensina" a ver e assim, também estabelece inter relações estreitas com as formas de comunicar, possibilitando que se pense nas imagens sob uma perspectiva discursiva, como destacam Silva *et al.* (2006, p. 221) na medida em "...que os sentidos são produzidos sob determinadas condições que abarcam o texto/a imagem, o sujeito e o contexto". Nesse sentido, a imagem não é concebida como transmissora de informação, mas parte de um processo mais amplo de produção/reprodução de sentidos. Em outras palavras, os significados para uma imagem surgem na interação do sujeito leitor a partir das particularidades e possibilidades de um contexto.

O espaço escolar e as interações nas salas de aula têm na utilização dos livros de recortes o potencial de movimentar as discussões conceituais com professores sugerindo temáticas a serem abordadas de acordo com o currículo ou em atendimento de demandas que sejam provenientes dos próprios estudantes, assim, se pode vislumbrar com esse recurso, a construção da autonomia do aluno frente ao processo de conhecimento e aprendizagem, conferindo ao professor a função de mediador (FREIRE, 1996). Como questão geral, essa pesquisa objetivou dissertar sobre os termos contributivos da construção/uso de em "scrapbook citológico", ou seja, um livro de recortes composto por temas e conceitos relativos à citologia no âmbito do primeiro ano do Ensino Médio.

Prática e Metodologia

Esta pesquisa é de natureza quanti-qualitativa e foi desenvolvida na Escola Estadual de Ensino Médio Manoel Antonio de Castro, comumente conhecida como "Colégio MAC", no município de Igarapé-Miri, no estado do Pará, localizado na Amazônia Oriental. As atividades foram realizadas em uma turma de 1º ano composta por 40 (quarenta) alunos e com períodos de planejamento, desenvolvimento e análises que se estenderam entre os anos de 2017 e 2019.

Para tratar da temática citologia nas aulas de Biologia, foi estabelecida uma proposta de sequência didática, para que fosse possível trabalhar o conteúdo de citologia abordando seus aspectos históricos e científicos com o intuito de levantar os conhecimentos prévios dos alunos, bem como familiarizá-los com a temática, além de potencializar a construção de novos conhecimentos, a partir dos já trazidos por eles ao longo de suas vivências sociais e escolares. Em momento posterior desenvolvemos a segunda etapa da pesquisa apresentando aos estudantes slides sobre o *scrapbook* em termos de conceituação, histórico e uso social, bem como sua evolução ao longo do tempo.

A partir da familiarização com o *scrapbook* ou álbum de recortes, passamos ao terceiro momento em que foi acordado com os alunos a organização em grupo de três componentes, e a partir de então, foi solicitado a eles a construção de um álbum abrangendo a temática citologia e como delineamento sugerimos determinados tópicos, porém, permitindo-lhes que considerassem outros assuntos relacionados. Aos grupos de estudantes o período de três semanas foi proposto para que eles pudessem construir os seus respectivos álbuns e, no decorrer desse período durante o tempo reservado para as aulas de biologia, dialogamos com orientações e sugestões, o que acabou se configurando como uma mediação do processo.

Após esse período foi desenvolvido mais uma etapa, na qual foi realizada a socialização na turma dos trabalhos e na semana seguinte realizamos o "Café com Biologia", na quadra coberta da escola, na qual ocorreram interações com os estudantes do turno da manhã, com a exposição dos *scrapbook* construídos pelas equipes. Na semana seguinte realizamos aulas de citologia seguindo a sequência delineada para a construção dos álbuns de recortes, sendo esta a última etapa, onde realizamos aulas expositivas e dialogadas abordando a temática e que tiveram duração de três semanas, totalizando nove aulas, finalizando assim o bimestre correspondente.

Em termos práticos, sistematizamos as etapas no quadro a seguir:

Etapa 1	Informações e Conhecimentos Prévios
Etapa 2	Scrapbook – definição e utilização
Etapa 3	Diretrizes para elaboração do Scrapbook
Etapa 4	Desenvolvimento do Scrapbook
Etapa 5	Socialização dos álbuns de recorte
Etapa 6	Apresentação na comunidade escolar
Etapa 7	Feedback das aprendizagens

Após as etapas foi realizada uma entrevista semiestruturada (RICHARDSON, 2014), com o intuito de avaliar os conhecimentos e as impressões dos estudantes sobre a temática abordada a partir da ferramenta pedagógica utilizada, além da análise dos álbuns de recortes construídos, a apresentação dos álbuns no momento de socialização e as inferências possibilitadas. As informações obtidas foram analisadas por meios de categorias pré-estabelecidas através das perguntas contidas no questionário e os objetivos traçados nesta pesquisa, o anonimato dos estudantes é observado por meio da utilização dos nomes de organelas citoplasmáticas ao referi-los.

Resultados

As respostas obtidas nos possibilitaram a construção de categorias que denominamos autonomia na pesquisa; comunicação; letramento científico e a criatividade na produção dos *scrapbook*.

Autonomia na pesquisa e comunicação

Nesta categoria analisamos a autonomia dos alunos na construção do conhecimento por meio da pesquisa realizada e a comunicação proveniente, no sentido de apresentar os argumentos científicos ao comunicar aos estudantes da turma e posteriormente do turno sobre os conceitos, definições e explicações aprendidas. Assim, constatamos que 82,5% dos 40 estudantes concordavam totalmente que a atividade foi importante para o desenvolvimento da autonomia e da comunicação, e justificaram com argumentos como os destacados a seguir:

Gráfico 01: Questão 07

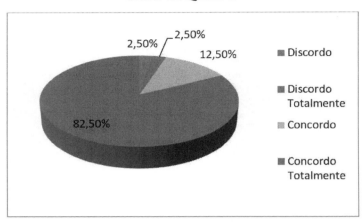

"Sim me senti sendo eu mesma uma pesquisadora que foi em busca do conhecimento e vi que ele estava lá e que só preciso ir cada vez mais buscá-lo". **(Estudante membrana plasmática)**

"Muito porque pude eu mesmo com meus colegas ir em busca de conhecimentos e vi que somos capazes de aprender, basta sermos incentivados a isso. E vi na construção do álbum esse incentivo que muitos outros tipos de trabalho não temos pois pegamos as vezes já encaminhados só pra lermos e tirar uma conclusão dali e pronto." **(Estudante citoplasma)**

"Sim uma vez que ao fazer meu trabalho com meus colegas de equipe nos sentimos construtores de nossa aprendizagem e isso nos deixou muito satisfeito porque entendemos que podemos ser cada vez melhores alunos e com autonomia para aprendermos mais." **(Estudante núcleo celular)**

Os estudantes relataram entusiasmo, destacando o processo participativo na construção do *scrapbook*. É nesse sentido que o protagonismo juvenil pode se apresentar como resposta à necessidade social relacionada com a dialogicidade, conforme relata Júnior (2004) ao defini-lo como sendo a "capacidade de participar e influir no curso dos acontecimentos, exercendo um papel decisivo e transformador no cenário da vida social" num entendimento de prática empreendedora capaz de dar conta dos problemas sociais existentes.

Ao destacarem as habilidades e competências necessárias a serem trabalhados no Ensino Médio, os Parâmetros Curriculares Nacionais – PCNs (BRASIL, 2002) apontam para a importância do protagonismo diante de "situações novas, problemas ou questões da vida pessoal, social, política, econômica e cultural". Em relação à comunicação perguntamos aos estudantes se consideraram mais seguro e/ou preparados para falar em público sobre a temática abordada, após terem construídos seus *scrapbooks* e detectamos que 92,50% afirmaram que concordavam totalmente enquanto 2,5% disseram apenas concordar.

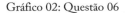

Gráfico 02: Questão 06

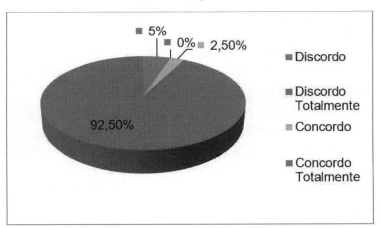

O percentual elevado de concordância entre a relação construção de *scrapbook* e segurança para falar em público nos faz acreditar que o emprego da técnica, neste caso de ciências, traz ganhos significativos para a vida do educando, pois possibilita uma participação efetiva em seus processos de aprendizagem, deslocando-os da condição de receptáculos de conhecimentos (FREIRE, 1996).

> "...sou muito nervoso e assim eu me senti bem seguro do que ia explicar porque foi algo que eu me apropriei bem através das leituras e da construção do nosso álbum." ***(Estudante citoplasma)***

"Sim porque diferente de seminários que são passados para nós explicar-mos onde lemos apenas a nossa parte e não entendemos todo o assunto, essa técnica nos fez ter um conhecimento mais abrangente de todo o assunto estudado, com isso foi possível se sentir mais preparado, além do que, os seminários, fazemos às vezes na correria." **(Estudante mitocôndrias)**

"Como eu mesma tinha preparado o meu scrapbook então já sabia de todo o conteúdo que estava lá." **(Estudante ácido ribonucleico)**

Neste sentido afirma Moraes et. al (2002), que o próprio esforço em comunicar os resultados da pesquisa, seja escrita ou falada, no movimento em que são produzidos, também constituem parte do processo de construção de uma nova aprendizagem. Visto que para os mesmos autores a comunicação, constitui um retorno ao ser, já não um ser inicial, mas um ser transformado, um ser que sofreu uma evolução em relação ao seu estado de partida.

Letramento científico

Como registro inicial, pontuamos aqui que não acreditamos que o fato de os alunos construírem *scrapbooks* como ferramenta de sistematização de informações e conhecimentos científicos, os tornam mais letrados, cientificamente. Contudo não podemos ignorar que um aluno que está inserido numa prática dessa vertente tem grande possibilidade de desenvolver aspectos do letramento científico.

Para analisarmos esta categoria consideramos dois elementos: Respostas dos alunos referentes a três questões e a análise das escritas nos *scrapbooks*. Neste sentido indagamos os sujeitos - *Você acha que o scrapbook colaborou para que sua interpretação e compreensão de textos e/ou fenômenos biológicos se ampliassem? –Você considera que a elaboração de seu scrapbook tenha de alguma forma colaborado para sua capacidade de escrita de fenômenos biológicos? –A partir da construção do seu scrapbook você considera que conseguiu relacionar os conhecimentos apreendidos com elementos e/ou fenômenos de sua vida cotidiana? Dê um exemplo.*

Constatamos que 90% dos sujeitos concordaram que a construção dos *scrapbooks citológicos* contribuiu de forma significativa com a aprendizagem e com a capacidade de escrita de fenômenos biológicos. Assim é possível considerar que ao construírem seus *scrapbooks citológicos* ocorreu a potencialização do letramento científico[5]

Gráfico 03: Questões 04 e 05

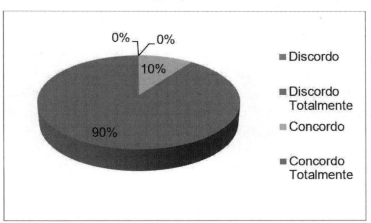

Segundo Nascimento (2012), a leitura e a escrita devem ser estimuladas nos discentes, para que possam ter habilidade de compreender e interpretar de forma adequada o que leem, sendo capazes, neste caso, de selecionar adequadamente as informações, contestando suas confiabilidades, produzindo e compartilhando. Ainda nesta vertente, Nascimento (2012) assegura que tal habilidade relacionada ao ensino de biologia e ao letramento científico implica em capacitar os alunos nos códigos próprios dessa área, de forma que ele seja capaz de ler, escrever e compreendê-la. Conquistadas essas habilidades, o aluno tem a sua disposição condições de empregá-las em práticas sociais relacionadas com diferentes contextos, demonstrando assim estar letrado cientificamente. Para isso acrescenta Soares (2008) é necessário mais que o simples domínio dos códigos, é preciso compreender como usá-los.

Nesse contexto, defendendo a importância da Linguagem Científica, Santos (2007 p. 484) afirma que "Ensinar ciência significa ensinar a ler sua linguagem, compreendendo sua estrutura sintática e discursiva, o significado de seu vocabulário, interpretando suas fórmulas, esquemas gráficos, diagramas, tabelas etc."

---

5   Letramento Científico – "é o estado ou a condição de quem sabe não apenas ler e escrever, mas cultiva e exerce as práticas sociais que usam a escrita" (SOARES, 2017a, p. 47).

Depreendemos então que quando estimulamos a leitura do aluno com estratégias pedagógicas que possibilitem esse exercício, como é o caso do *scrapbook* estamos contribuindo para que os discentes se apropriem da linguagem científica, portanto desenvolvendo o letramento científico, nestes termos Bazerman (1994) refere que na "elaboração/construção de um *scrapbook* seus autores inevitavelmente irão se envolver na leitura e escrita sobre determinadas temáticas." Já em relação à questão na qual foi indagado aos estudantes - se *a partir da construção do seu scrapbook você considera que conseguiu relacionar os conhecimentos apreendidos com elementos e/ou fenômenos de sua vida cotidiana?*, constatou-se que 87,50% dos sujeitos consideraram que foi possível fazer a relação, conforme o gráfico abaixo:

Gráfico 04: Questão 09

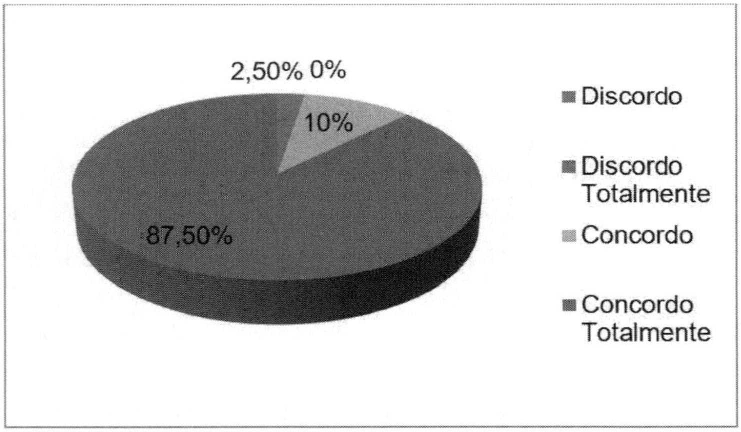

Ao ser considerada a possibilidade de relatar algum exemplo destacamos a seguir:

> *"Quando crescemos significa dizer que nossas células estão sofrendo divisão celular chamada mitose"* **(Estudante complexo golgiense)**

> *"Quando respiramos ofegante após uma atividade física é porque consumimos muita energia e, portanto precisa o oxigênio ser absorvido pelo corpo pra servir de matéria prima para ser produzido energia novamente."* **(Estudante organela citoplasmática)**

"Aprendi que quando nos alimentamos de comidas salgadas a gente bebe água porque o meio interno da nossa célula fica muito concentrada e por isso que dá a sede em nós. Nesse caso bebemos a água o que ajuda a equilibrar o meio intracelular e extracelular. Diminuindo a sensação da sede." *(Estudante* núcleo celular*)*

"Aprendi que muitas coisas foram descobertas como a cura de muitas doenças depois que se descobriu que os seres vivos são formados de células e se estudou mais sobre elas (células)". **(Estudante mitocôndrias)**

É possível inferir, a partir dos exemplos citados pelos sujeitos, que eles conseguiram relacionar os conhecimentos científicos aos fenômenos da vida cotidiana, o que segundo Santos (2007), contribui para o letramento científico, pois um indivíduo, letrado cientificamente, tem entendimento de princípios básicos de fenômenos do cotidiano. Sendo que o autor sustenta ainda ser essa uma condição fundamental para a capacidade de tomada de decisão em questões relativas à ciência e tecnologia em que estejam diretamente envolvidos, sejam decisões pessoais ou de interesse público.

Dessa forma é possível ao ensino de ciências, nesta vertente, reverter a lógica perversa da existência de um fosso do que se ensina na escola e os conhecimentos de fato que os alunos precisam para suas vidas cotidianas, ocorrendo assim a contextualização do ensino.

Passaremos ao segundo elemento desta categoria, o qual diz respeito à análise das escritas dos *scrapbooks* dos alunos sujeitos. Nela buscamos averiguar textos ou partes deles que evidenciasse a possibilidade de letramento científico, apreendendo a ocorrência de indícios que podem ser interpretados como desenvolvimento de letramento científico. Destacamos a seguir alguns trechos analisados.

Nos trechos a seguir de um álbum, os seus autores ao se referirem sobre a invenção e aprimoramento do microscópio apresentam uma sequência linear das imagens destes, na qual se evidencia ao longo do tempo os diversos microscópios criados, dando ênfase que eles vão sendo aprimorados à medida que o conhecimento científico avança e a partir da necessidade humana de explicar os fenômenos da natureza.

Figura 02: página de *scrapbook* construído pelos alunos

A invenção do microscópio pode ser considerada o marco inicial da Biologia Celular. Foram os holandeses Hans Janssen e Zacharias Janssen, fabricantes de óculos, que inventaram o microscópio no final do século XVI. As observações realizadas por eles, demonstraram que a montagem de duas lentes em um cilindro, possuía a capacidade de aumentar o tamanho das imagens, permitindo dessa forma que objetos pequenos, invisíveis a olho nu, fossem observados de forma detalhada

HANS LIPPERSHEY   ZACHARIAS JANSSEN

A Evolução do Microscópio

1. Microscópio ultravioleta

Neste tipo, utiliza-se a radiação ultravioleta, que tem um comprimento de onda para a luz visível, melhorando o limite de resolução.

Figura 03: página de *scrapboock* construído pelos estudantes

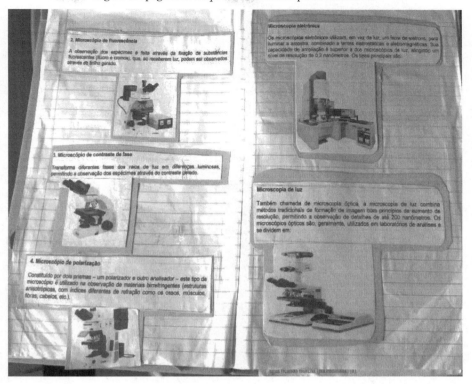

Nestas páginas percebemos que os autores apresentam a evolução do microscópio ao longo do tempo até aos dias atuais. Esses eventos, em tese, possibilitam letramento científico, pois segundo Santos (2007), oportunizar um currículo que leva em consideração a "Natureza da Ciência", conduz o estudante à compreensão de que à medida que o conhecimento científico é ampliado ele pode modificar o conhecimento que se tinha até determinado momento histórico e em muitos casos o que pode ser simploriamente entendido como um "erro" ou "equívoco" acaba sendo fundamental para a elaboração e construção do conhecimento científico.

Nesta página (Figura 04) os autores compartilham um artigo que aborda a história de 400 (quatrocentos) anos de "revelação" do mundo invisível que passou a ser desvendado após o descobrimento e aprimoramento do microscópio. Neste sentido, Santos (2007) enfatiza que trabalhar um currículo que propicie letramento científico é levar em consideração a natureza da ciência, dando oportunidade para compreender como os cientistas trabalham e quais suas limitações. Isso implica, segundo este mesmo autor, oportunizar aos educandos conhecimentos sobre História, Filosofia e Sociologia da Ciência (HFSC), o que leva a uma compreensão da ciência como produto da atividade humana e que, portanto, é passivo de erro e se apresenta acima de tudo como uma verdade transitória, além de evidenciar o erro como um fator importante e fundamental na elaboração e construção do conhecimento científico.

Figura 04: página de scrapboock construído pelos estudantes

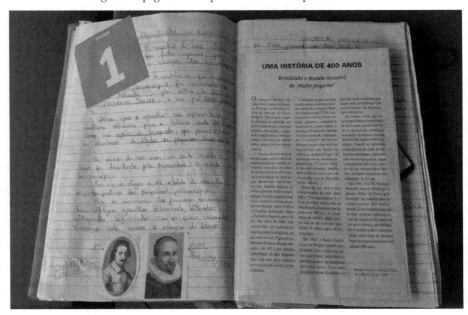

Neste sentido, o uso do *scrapbook*, ao lançar mão de imagens de livros didáticos e Textos de Divulgação Científica, além de recortes de reportagens e outras fontes de informação podem proporcionar a visualização das variações, discordâncias, diferentes interpretações e mudanças na construção do conhecimento científico.

Criatividades na produção dos scrapbooks

Essa categoria teve como objetivo identificar a criatividade dos estudantes ao confeccionarem seus *scrapbooks citológicos*. Nesta perspectiva analisamos os 13 (treze) *scrapbooks* produzidos pelos alunos, em termos de seleção dos textos, das imagens e de outros elementos utilizados, bem como a forma de organização desses no álbum. Assim, percebemos que 80% dos *scrapbooks* apresentaram uma formatação que consideramos "criativa", pois, utilizaram os textos de forma selecionada, ou seja, com as informações mais relevantes aos objetos de conhecimentos, ora estudado. Vejamos nas imagens abaixo, trechos extraídos de alguns álbuns, que possibilitaram tais inferências.

Figura 05: página de *scrapbook* construído pelos estudantes

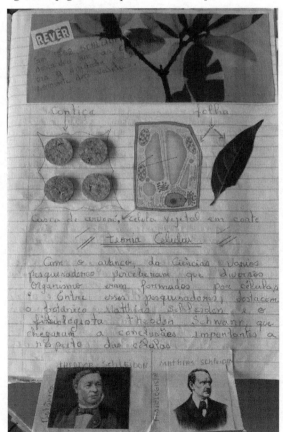

Na imagem da Figura 05 observamos a utilização de objetos tridimensionais, neste caso cortes de rolhas de garrafas e uma folha dessecada. Na imagem da Figura 06, percebemos que os autores ao representarem os diversos microscópios desenvolvidos desde sua primeira invenção até ao mais evoluído atualmente, utilizaram recortes de textos científicos alocados em pequenos envelopes, em seus álbuns o que de certa forma estimula a curiosidade dos leitores.

Figura 06: página de *scrapbook* construído pelos estudantes

Percebemos também em relação à confecção das capas dos álbuns que algumas equipes demonstraram além da criatividade o reaproveitamento e valorização de artefatos da cultura amazônica o que é o caso do álbum da figura abaixo, em que os alunos utilizaram o tururi uma fibra natural da palmeira "baçu" (*Manicaria saccifera*), que é comumente utilizada na confecção de bolsas, sacolas, pastas, chapéus, bonecos, e vestuários de forma artesanal.

Figura 08: Capa de *scrapbook* construído pelos alunos

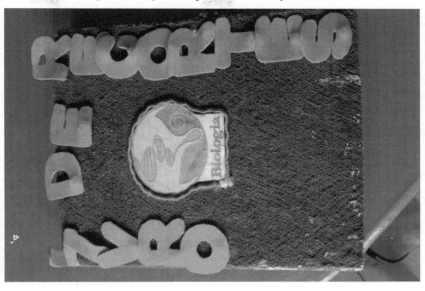

A escolha desses materiais e de outros reciclados está em consonância com que Hunt (2006), ao afirmar que a elaboração caseira de *scrapbooks* é algo que envolve a reutilização de materiais reciclados.

Considerações Finais

Através desta pesquisa buscamos analisar a técnica do *scrapboock* como possibilidade de recurso pedagógico, para o ensino de citologia no primeiro ano do Ensino Médio. Neste sentido, destacamos que foi possível experienciar, que a técnica do *scrapbook*, contribuiu efetivamente para a construção de aprendizagens, visto que os discentes protagonizaram etapas do processo demonstrando criatividade e autonomia e domínio conceitual.

O *scrapbook* também confere ludicidade à prática de ensino e isto se torna um destaque que realizamos posteriormente como algo potente em termos de promoção da sociabilidade e dialogicidade nas aulas e entre os estudantes. A utilização de variadas formas de abordagem do tema também confere dinamismo ao conteúdo, possibilitando ampliação de abordagens vinculadas à informações históricas e cotidianas, nestes termos, é possível inferir que o estímulo para construir um *scrapbook* "rico" ou em uma "estética" que os estudantes valorizam implica, além da criatividade no aumento de informações, ilustrações e materiais.

Ao finalizarmos este trabalho, intencionamos o alcance para outros profissionais que se interessem pela estratégia didática para utilização da técnica do *scrapbook*, disponibilizando informações que se apresentem como uma possibilidade, conforme preconizada por Santos (2007), de práticas de ensino que tenham uma perspectiva autônoma e criativa, visando o letramento científico como prática social.

Referências

BAZERMAN, C. **Constructing Experience. Carbondale: Southern Illinois** UP, 1994.

BRASIL, Ministério da Educação, **Parâmetros Curriculares Nacionais de Ensino de Ciências**, 2002.

FREIRE, P. **Pedagogia da Autonomia**. Rio de Janeiro: Paz e Terra, 1996.

HUNT, I. L., **Victorian Passion to Modern Phenomenon: A Literary and Rhetorical Analysis of Two Hundred Years of Scrapbooks and Scrapbook Making. The University of**. Texas: Texas at Austin, 2006.

JÚNIOR, F R. R. **Educação e protagonismo juvenil**. 2004. Disponível em < http:// www. Prattein.com.br. Acesso em dez/2019.

MALDANER, O. A. **Situações de estudo no ensino médio: nova compreensão de educação básica**. In: NARDI, Roberto (organizador). A pesquisa em Ensino de Ciências no Brasil: Alguns recortes. São Paulo: Escrituras, 2007.

MENDES, J. R. de. **O papel instrumental das imagens na formação de conceitos científicos**. 2006. 179 f. Dissertação (Mestrado em Educação). Faculdade de Educação, Universidade de Brasília. Brasília, 2006.

MORAES, R.; GALIAZZI, M.C; RAMOS, M.G; **Pesquisa em sala de aula: fundamentos e pressupostos**. Porto Alegre Edipucr, 2002.

NASCIMENTO, J. C., **Citologia no Ensino Fundamental: dificuldades e possibilidades na produção de saberes docentes**. UFES. São Mateus, 2016.

NASCIMENTO, L.M.C.T. **Blogs e outras redes sociais no ensino de biologia: o aluno como produtor e divulgador.** Brasília: UnB. 2012.

OLIVEIRA, D. B. et al. **Modelos e atividades dinâmicas como facilitadores para o ensino de biologia.** Enciclopédia Biosfera. v. 11, n. 20 Goiânia: Centro Científico Conhecer 2015.

RICHARDSON, R.J. **Pesquisa Social: métodos e técnicas.** 3ª ed. São Paulo: Editora. Editora Atlas S. A, 2014.

SANTAELLA, L. Leitura de imagens. São Paulo: Melhoramentos, 2012

SANTOS, W. L.P., **Educação científica na perspectiva de letramento como prática social: funções, princípios e desafios.** Revista Brasileira de Educação. V. 12 n. 36 set/dez. 2007. Disponível em: <http://www.scielo.br/pdf/rbedu/v12n36/a07v 1236.pdf>. Acesso em: abril de 2017.

SILVA, H. C. da. et al. **Cautela ao usar imagens em aulas de ciências.** Ciência e Educação, v. 12, n. 2, p. 219-233. Bauru, 2006.

SOARES, M. **Alfabetização e Letramento.** 5 ed. São Paulo: Contexto, 2008.

SOARES, M. **Letramento: um tema em três gêneros.** 3. ed. Belo Horizonte: Autêntica, 2017a.

Letramento em Linguagem e em Matemática por meio de Sequência Didática (SD): uma proposta oriunda de um produto educacional para o ensino de alunos do 1º ciclo de alfabetização

Rute Baia da Silva Ubagai
Elizabeth Cardoso Gerhardt Manfredo
Emília Pimenta Oliveira

Este artigo apresenta um recorte do produto educacional "Uma Proposta de Letramento Matemático e em Linguagem por meio de Sequência Didática (SD)". Trata-se de um produto didático com objetivo de favorecer a organização do ensino e a mediação das habilidades de leitura, escrita e oralidade, em matemática e linguagem, de alunos do primeiro ciclo de alfabetização, e foi desenvolvido como parte da dissertação de Mestrado Profissional intitulada: "Reflexões sobre a Própria Prática em Experiências de Letramento e Letramento Matemático" defendida em 2021. Destina-se, assim, a contribuir para a prática de professores que atuam nos anos iniciais do Ensino Fundamental, especialmente, em classes do 1º ciclo de alfabetização.

A pesquisa mencionada foi realizada no curso de mestrado profissional do Programa de Pós-graduação em Docência em Educação em Ciências e Matemáticas da Universidade Federal do Pará (IEMCI/UFPA), entre 2018 e 2020, tendo a seguinte questão norteadora: que aspectos da própria prática de ensino favorecem o desenvolvimento do letramento em língua materna e em matemática, estimulando o pensamento numérico e a apropriação da leitura e escrita de estudantes do 2º ano do Ensino Fundamental? No transcorrer do estudo, foi possível à professora autora da pesquisa desenvolver atividades de alfabetização e letramento, que envolveram as duas áreas: linguagem e matemática e que permitiram a elaboração do produto em tela.

O presente texto faz uma apresentação resumida do referido produto e foi organizado mediante os seguintes tópicos: pressupostos da organização do ensino por meio de Sequência Didática (SD); proposta de desenvolvimento da SD do texto poético, na qual constam: apresentação da situação; a produção inicial; módulo 1; módulo 2; módulo 3 e a produção final.

A partir da experiência da pesquisa de mestrado, na qual surgiu a proposta da SD, é possível afirmar que atividades envolvendo matemática e linguagem têm potencial de favorecer a integração de conhecimentos, a investigação, a reflexão, a análise crítica, a imaginação e a criatividade dos alunos, na elaboração e testagem de hipóteses e na resolução de problemas em aulas, colaborando para o letramento matemático e linguístico dos alunos de forma interativa e prazerosa.

É um material de apoio ao ensino que busca inspirar e incentivar professores e professoras do primeiro ciclo de aprendizagem dos Anos Iniciais do Ensino Fundamental (1º, 2º e 3º anos) ao uso de SD como estratégia de organização dos conteúdos e abordagens de aspectos do ensino e da aprendizagem da matemática integrada à linguagem, nessa etapa de aprendizagem escolar.

Pressupostos da Organização do Ensino por meio de Sequência Didática (SD)

O referencial de Dolz, Noverraz e Schneuwly (2004) embasa esta proposta de emprego de SD no ensino de leitura e escrita de gênero textual, que foi incrementada ainda com as contribuições de autores que tratam da aprendizagem e do ensino de matemática (KAMII, 1990; KAMII e LIVINGSTON, 1995; SMOLE e DINIZ, 2001; LORENZATO, 2006; LUVISON e GRANDO, 2012, MANFREDO, 2016) e que permitem a articulação com o ensino de língua materna em ampliações da prática alfabetizadora, incluindo reflexões do letramento linguístico em diálogos com Ferreiro e Teberosky (1999) e Soares (1998, 2018).

A utilização de SD como estratégia para a organização do ensino é uma forma interessante de desenvolver a alfabetização e o letramento de estudantes do primeiro ciclo de alfabetização do Ensino Fundamental. A relação defendida entre alfabetização e letramento no ciclo consiste na integração entre os usos sociais da escrita e a apropriação do Sistema de Escrita Alfabética (SEA), algo necessário à participação em situações mais amplas de eventos de letramento na sociedade grafocêntrica em que se inserem. É nessa perspectiva que Soares (1998) destaca a alfabetização e o letramento como ações distintas, mas inseparáveis, que ocorrem ao mesmo tempo, visto que o indivíduo, imerso nessa sociedade, deveria aprender a ler e escrever, mobilizando tais competências em situações autênticas de uso da língua.

Nesse prisma, faz-se necessário a promoção e a análise de situações em sala de aula, em contextos de práticas de letramento e alfabetização, que possam ajudar o professor a pensar, problematizar e inovar as estratégias desenvolvidas no ensino, articulando ou integrando áreas do conhecimento pela linguagem e buscando novas alternativas de ação e formas de organização do ensino.

Isso requer dimensionar o papel do letramento matemático no contexto das práticas de alfabetizar letrando. Tal letramento pressupõe o desenvolvimento de competências e habilidades de raciocinar, representar, comunicar e argumentar pela linguagem, recorrendo a conhecimentos matemáticos, conforme preconiza a BNCC (BRASIL, 2017). Noutros termos, o letramento matemático corresponde ao "processo de inserção e participação do indivíduo na cultura matemática escrita, utilizando a aprendizagem de seus códigos nos variados eventos das práticas sociais das quais participa" (MANFREDO, 2016, p. 01-02).

Frente ao exposto, é necessário e importante um trabalho constante empregando diversos gêneros textuais nas aulas, integrando a língua materna e a matemática. Quanto mais essa prática se realizar e se consolidar, mais o professor possibilitará aos estudantes o acesso à diversidade oral e escrita que esses textos oferecem, "compreendendo seus estilos, suas variações e a própria linguagem matemática". (LUVISON; GRANDO, 2012, p.160).

Assim, o uso dos gêneros textuais no ensino possibilitará aos estudantes uma aula diferenciada, interdisciplinar e interessante, na qual os assuntos abordados poderão ser compreendidos de maneira mais significativa por eles, que participarão ativamente do processo, obtendo mais sucesso em suas aprendizagens, avançando no processo de letramento. (MANFREDO, 2016).

Nesse sentido, práticas docentes, envolvendo o letramento de modo geral e o letramento matemático, de modo específico, devem ser pensadas do ponto de vista da integração das linguagens envolvidas no domínio da leitura e da escrita. Isso é reforçado por Smole e Diniz (2001), quando assinalam que ler é um dos principais caminhos para ampliação da aprendizagem em qualquer área do conhecimento e, no tocante ao alfabetizar e ao letrar nos primeiros anos de escolaridade, essa é uma condição essencial e urgente. Advém desse pressuposto o compromisso de se promover a reflexão sobre os processos de letramentos de estudantes do 1º ciclo de alfabetização, buscando investir no emprego de SD que potencialize as aprendizagens desejadas e amplie a prática pedagógica mediadora desses letramentos.

Dolz, Noverraz e Schneuwly (2004) definem a SD como um conjunto de atividades escolares organizadas de maneira sistemática, em torno de um gênero textual, que pode ser oral ou escrito, e cujo foco central é a aprendizagem e uso do gênero. Nos termos dos autores, ela permite avaliar as capacidades dos estudantes, propondo-lhes desafios e fazendo-os avançar na aprendizagem. A SD favorece ainda o trabalho em sala de aula, estimulando a autonomia e sendo significativa para eles, já que os auxilia a desenvolver um domínio efetivo da língua, nos textos apreendidos, possibilitando o uso adequado para além do ambiente escolar.

Nesta direção, pode-se estabelecer um paralelo entre a apropriação da SEA e a apropriação e uso das linguagens trazidas nos gêneros textuais, podendo estar envolvidos na superfície e interpretação textual os objetos do campo da matemática. Para tanto, os elementos presentes nas atividades da SD poderão expressar ou estimular a constituição de um ambiente de aprendizagem a favor da alfabetização linguística e matemática, com vistas ao desenvolvimento do pensamento matemático necessário para a resolução de problemas envolvendo assuntos desse campo do saber, no caso do campo numérico: a adição, a subtração e demais operações matemáticas elementares e seus processos.

Enquanto possibilidade de organização do ensino, a SD permite olhar para sala de aula como espaço de produção de conhecimentos, tanto para os estudantes como para o professor ou professora. O docente, ao se comunicar, interage com os estudantes e estabelece uma relação de diálogo e respeito, cuja escuta induz a questão: o que vocês acham que seria mais certo fazer quando o estudante se depara com a construção de suas estratégias e precisa explicá-las e não somente reproduzi-las? (KAMII; LIVINGSTON, 1995).

O uso de SD nas turmas de alfabetização é assumido aqui enquanto metodologia de estudo baseado no trabalho que ocorre na sala de aula, em constante interlocução com a epistemologia da psicogênese da língua escrita, conforme os estudos de Ferreiro e Teberosky (1999), com as teorias de como se aprende, considerando as necessidades de aprendizagens dos estudantes, identificadas nos registros e nas atividades avaliativas deles, conforme defendem Dolz, Noverraz e Schneuwly (2004), afirmando que a definição dos objetivos de uma SD está precisamente adaptada às capacidades e às dificuldades dos estudantes envolvidos.

Com uma proposta voltada para o ensino da língua materna, Dolz, Noverraz e Schneuwly (2004) consideram que a sequência didática tem a finalidade de ajudar o estudante a dominar melhor um gênero textual, levando-o a escrever ou falar de forma adequada, dependendo da situação comunicativa na qual esteja envolvido. Para eles, a estrutura de base de uma SD obedece ao esquema a seguir.

Fig.1-Esquema de uma Sequência Didática (SD)

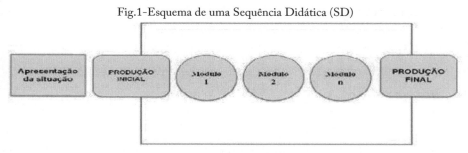

Fonte: Dolz, Noverraz e Schneuwly (2004, p. 98).

No esquema acima, pode-se observar as etapas: a apresentação da situação; a produção inicial; os módulos (1, 2, n) e a produção final. A *apresentação da situação* é o momento de expor aos estudantes, de forma detalhada, a tarefa de expressão oral ou escrita a ser realizada, mostrar sua projeção e preparar para uma produção inicial diagnóstica, ressaltando o desenvolvimento de várias atividades em módulos que irão culminar em uma produção final.

No momento da *apresentação da situação*, o professor irá expor o gênero textual sobre o qual irão tratar, ocorrendo uma primeira aproximação com o projeto da SD. Já na *produção inicial*, ele deverá propor a elaboração de um primeiro texto pelos alunos, o que permitirá o diagnóstico das dificuldades. Nessa etapa, o professor avaliará as capacidades dos alunos, para buscar mitigá-las nos módulos a serem organizados. Os *módulos* são constituídos por várias atividades ou exercícios que darão aos estudantes os instrumentos necessários ao domínio do gênero e dos assuntos relacionados, pois os problemas colocados pelo gênero são trabalhados de maneira sistemática e aprofundada. No momento da *produção final*, o aluno poderá colocar em prática os conhecimentos adquiridos e, com o professor, avaliar os progressos alcançados na elaboração do gênero em estudo. A produção final serve, também, para uma avaliação de tipo somativa, que incidirá sobre os assuntos estudados durante a sequência.

Proposta de Desenvolvimento da SD do Texto Poético

Sobre o gênero poema utilizado na proposta de SD

Ao propor um planejamento que permite a integração da matemática com outras áreas de conhecimento, a SD atribui um sentido aos conteúdos disciplinares envolvidos e que são assimilados no decorrer das atividades realizadas, ao mesmo tempo que conduz a aprendizagem do gênero textual, o que torna a aprendizagem do estudante mais significativa. Na pesquisa realizada, a intervenção metodológica proposta com a SD buscou letramento matemático e linguístico a partir do gênero textual poema.

Dentre as razões para escolha desse gênero literário, estão as possibilidades de provocar sentimentos variados, a fruição e momentos de reflexão, o que leva o estudante a pensar nas situações do cotidiano, nas suas atitudes, no relacionamento com o próximo e em outros temas que poderão surgir nos debates e estudos. Por meio da literatura, do texto poético, pode-se estimular o manifestar de um olhar diferenciado acerca do mundo, das relações sociais, da natureza, ajudando a desenvolver o pensamento e a imaginação. Portanto, ao ter contato com diferentes textos poéticos, o estudante também poderá externar sentimentos e emoções ainda não experimentadas, exercitar empatia, sensibilidade, respeito, criatividade e criticidade, qualidades essenciais para formação de uma sociedade mais justa, humana e igualitária.

Ao ler os poemas, os estudantes são induzidos a imaginar cenas e levados a um mundo repleto de informações de sons e palavras. Além disso, ao criarem formas diferentes de descrever uma cena ou sentimento, desenvolverão a criatividade de maneira profunda e sólida. Com isso, poderão adquirir um repertório rico de ideias e de palavras que lhes será útil no momento de expressar pensamentos e projetar formas diferentes de representação do mundo. Por isso, o trabalho com a poesia aproxima os envolvidos da literatura e de seus autores, cada um com estilo particular, com o qual os alunos poderão se identificar. Vale ressaltar que o envolvimento nessas atividades de contato com a leitura acompanhará os estudantes durante toda a vida.

A SD, como proposta de incentivo ao professor na organização do ensino em sala de aula, foi construída a partir de uma pesquisa da própria prática (UBAGAI, 2021), e está ancorada em Dolz, Noverraz e Schneuwly (2004). A proposta foi desenvolvida com estudantes do 2º ano do Ensino Fundamental, em uma escola da periferia da cidade de Belém, no Pará. Os alunos eram incipientes no domínio do Sistema de Escrita Alfabética (SEA), isto é, nas habilidades de leitura, escrita e ainda quanto ao pensamento numérico necessário à resolução de problemas envolvendo processos aditivos. Convém frisar que a proposta em tela poderá ser desenvolvida pelo professor com alunos do 1º ciclo de alfabetização (primeiro ao terceiro ano) que já dominam a leitura e escrita alfabética ou também os que já conceituam número e/ ou dominam o Sistema de Numeração Decimal (SND).

Para a composição deste produto foram realizadas diversas adaptações, a partir da referida pesquisa. A sequência didática foi organizada em função do poema "Balada para uma rima perdida" (figura 01), que compõe uma coletânea de textos do escritor português Alexandre Parafita, contida no livro "Histórias a rimar para ler e brincar". Os textos apresentam características poéticas e contam de forma lúdica pequenas curiosidades, envolvendo pássaros, borboletas, aranhas, papagaios e outros seres que são personificados. A seguir, a apresentação da proposta de desenvolvimento da SD do texto poético que poderá ser realizada e/ou ampliada pelo professor, conforme sua realidade.

Figura 01: Gênero textual poema empregado na SD

BALADA PARA UMA RIMA PERDIDA

Um *verso gatinha*
Em busca de rima
No dorso macio,
Felpudo,
Da minha gatinha!

E ela atrevida:
Miau! Miau!
E a rima? Que é dela?
E a rima? Que é dela?

Que é dela?! Cadela?!
Cadela não rima
Com a minha gatinha!
Gatinha a gatinha,
Gatinha a cadela,
Mas ela só rima
Com estrela,
Janela,
Capela,
Tigela,
Fivela,
Sovela...
Que acabem com ela!...
Não rima, não rima.

No dorso macio,
Felpudo,
E outras palavras
Da minha gatinha!
(PARAFITA, 2006)

Fonte: Ubagai (2021).

Proposta de planejamento da SD a partir do poema "Balada para uma rima perdida"

I- *Apresentação da situação*: Para o início da SD, que poderá acontecer em um turno de aula ou mais, caberá ao professor socializar com os alunos toda a proposta da SD, motivando-os sobre o gênero textual, o poema "Balada para uma rima perdida". Nesse momento inicial da SD, além de apresentar a proposta, também poderá realizar levantamento, no qual todos possam falar sobre suas expectativas em relação a ela. Deve esclarecer a realização dos módulos e das produções, descrição das etapas de atividades e as produções orais e escritas que ocorrerão em cada momento. Toda essa dinâmica de ambientação da proposta pode ser realizada em roda de conversa na sala de aula ou noutro espaço da escola. É esperado que os alunos possam se interessar e se sintam capazes de participar das atividades previstas.

Áreas de Conhecimento: Matemática, Língua Portuguesa, Artes, Geografia e Ciências.

Objetivos:

- Conhecer a proposta de SD envolvendo textos poéticos;
- Observar o poema "Balada para uma rima perdida", de Alexandre Parafita;
- Conhecer a biografia do autor Alexandre Parafita;
- Conhecer a função e a estrutura composicional do gênero textual poema.

Conteúdo: Características de textos poéticos, participação na SD; gênero poema; autoria, expressão oral; expressão artística,

Desenvolvimento: Apresentação da proposta da SD, com destaque para os momentos e os módulos que a compõem; descrição das etapas de atividades e formas de produção; realização de leitura, observação e discussão do poema de Alexandre Parafita, "Balada para uma rima perdida"; Questionamentos gerais e apresentação do gênero poema e de sua estrutura; listagem dos aspectos do poema e respostas a um miniquestionário oral sobre ele.

Avaliação: observações dos comportamentos e das manifestações dos alunos sobre a proposta e assuntos abordados na aula.

Na figura 02, constam partes do produto educacional (UBAGAI, 2021), em que são dadas orientações ao docente de como proceder no momento da apresentação da situação.

Figura 02: Dicas ao professor na apresentação da situação da SD

ATENÇÃO: Professor (a), você poderá esclarecer aos alunos que o conceito de poema ultrapassa a constituição de rima, verso e estrofe. Você pode solicitar que pesquisem na biblioteca sobre poemas e apresentem o que descobriram aos demais colegas na aula.

Faça uma série de questionamentos de modo que levante conhecimentos prévios dos alunos: Conhecem o gênero textual poema? Quem já leu um poema? Já ouviram algum?

Vocês compreendem como ocorre a estrutura de um poema e sua principal característica? Vocês sabem o que é rima onde nós podemos encontrar as rimas? Vocês sabem como numerar uma rima?

Com isso, você os provoca a participarem e interagirem na construção das atividade. Em seguida, convide-os a conhecer alguns poetas, Faça perguntas como o: sabe quem escreve? Por que eles escrevem? inclusive o autor do poema, Alexabdre Parafita.:

Vamos conhecer mais sobre o escritor Alexandre Parafita?
- Apresentação da biografia do autor do livro;
- Nacionalidade do autor;
- Contexto de sua escrita, público para quem escreve;
- As obras de sua autoria mais lidas;
- Curiosidades acerca do autor.

IMPORTANTE: Professor(a), acesse o site: https://www.wookpt/autor/alexandre-parafita/255 para conhecer um pouco da história do escritor português, autor de várias dezenas de livros no domínio da literatura oral tradicional, literatura Infantil e infantojuvenil.

Fonte: Ubagai (2021)

II- *Produção inicial:* Neste momento, após ter apresentado a situação aos estudantes, buscando estabelecer uma relação de coparticipação na SD e incentivar o engajamento da turma, o professor encaminhará a realização da produção inicial, na qual os estudantes farão uma primeira produção sobre o gênero textual trabalhado, o poema. O planejamento a seguir explica essa aula.

Áreas de Conhecimento: Língua portuguesa e artes.

Objetivos:

- Demonstrar as capacidades já adquiridas de reconhecimento do gênero poema;

- Produzir um texto poético com suas características;
- Expressar-se oralmente e através da escrita e desenhos

Conteúdos:

- Poema na forma de quadra poética;
- expressão oral;
- Expressão visual;
- Leitura, escrita, desenho.

Desenvolvimento: por meio de aula expositiva e dialogada, inicia-se retomando uma série de questionamentos sobre a estrutura de um poema, conforme já ambientado na apresentação da situação. Vocês lembram-se do que falamos do poema? Qual poema já leram? Vocês já recitaram um texto poético ou poema? Vocês sabem como é a escrita de um texto poético? Vocês imaginam como se constrói a escrita de uma quadra poética? Vamos lembrar do texto poético "Balada para uma rima perdida"? O professor fará a leitura, recitando o poema. Pede que escrevam uma quadra poética que conheçam ou que tenha a ver com o poema "Balada para uma rima perdida"; orienta todos a expressarem a quadra poética seja através da escrita ou também com desenhos.

Avaliação: Observação e anotações das manifestações e produções/registros dos alunos na elaboração do texto, com percepção de que conteúdos estão envolvidos; de representação das características do gênero textual, de acordo com suas experiências prévias.

Na figura 03, a seguir, está a representação do espaço no papel onde o aluno deverá escrever o texto poético, conforme seu entendimento.

Figura 03: Orientação para elaboração de texto inicial

Fonte: Ubagai (2021).

III- Módulo 1:- Dando continuidade à SD, após a produção inicial de textos poéticos pelos estudantes, com as devidas observações e registros, o professor encaminhará a realização do módulo 1, durante o qual o gênero textual em apreço será aprofundado quanto às suas características e será fonte de atividades de interação com a língua escrita e com a matemática, na identificação de sons, significados, quantidades, composição e função de palavras e frases.

Área de conhecimento: Língua Portuguesa e Matemática

Objetivos:

- Distinguir características do gênero poema;
- Identificar características e funções de palavras no texto (poema);
- Compor ditado relâmpago de palavras, a partir do poema "Balada para uma rima perdida";
- Produzir glossário, a partir do poema "Balada para uma rima perdida", com auxílio de palavras móveis;
- Elaborar frases enigmáticas, a partir de poema "Balada para uma rima perdida", com auxílio de palavras móveis;
- Realizar a contagem da estrofe do poema;

- Fazer os registros com as representações de quantidades.

Conteúdos:
- Características do gênero poema (rimas, estrofes, versos);
- Significado e função das palavras;
- Estrutura de frases enigmáticas;
- Elaboração de frases enigmáticas a partir de poema;
- Contagem e representação numérica simples.

Desenvolvimento: exploração do livro (capa, autor, ilustração, cenário, personagens e outros); reconto do poema "Balada para uma rima perdida", na forma de desenho ou oralmente; destaque das características, dos significados, dos sentidos e das funções de palavras do poema e colocação no quadro (fig. 4); das observações sobre os aspectos para todos observarem; orientação da confecção de glossário, a partir do poema, procurando no dicionário com os alunos o significado de palavras desconhecidas, incentivando o uso do dicionário como fonte de pesquisa; composição de ditado relâmpago de palavras, a partir do poema; solicitação da contagem das estrofes e dos versos do poema; registro no caderno; leitura individual de forma voluntária de uma estrofe do poema; confecção de lista de animais domésticos da família; resolução de situações problemas de fatos básicos matemáticos, envolvendo animais citados.

Avaliação: Observações da participação e dos registros dos desempenhos individuais e em grupo dos estudantes no decorrer de cada atividade

Figura 04: Atividade coletiva sobre aspectos do gênero poema

Marque SIM ou NÃO quanto às características do poema estudado.

GÊNERO POEMA	SIM	NÃO
1. Características do Poema		
O poema apresenta um título?		
O poema apresenta rimas?		
2. Na organização do poema há		
a) Versos		
b) Estrofes		
3. Exploração do Poema As palavras apresentadas têm sentidos figurados		
Contém aliterações?		
Contém onomatopeias?		
E assonâncias?		
O vocabulário é variado?		

Fonte: Ubagai (2021)

IV- Módulo 2: Continuando a SD do gênero poema, agora no módulo 2, é proposto que os estudantes conheçam outro texto poético, a parlenda "A galinha do vizinho" (Fig. 5), que faz parte da tradição oral infantil. Como é um texto que traz na sua estrutura aspectos matemáticos, isso será explorado, além das palavras, sons e ritmos característicos dos textos poéticos, cabendo ao professor usar sua criatividade na proposição de outras intervenções, a partir do gênero.

Áreas de conhecimento: Língua Portuguesa e Matemática.

Objetivos:

- Conhecer texto de tradição oral infantil com enfoque na escrita e quantidades;
- Vivenciar a composição oral da parlenda, observando rimas e aliterações;
- Identificar numerais que expressem cardinalidade;
- Observar representações e sequências numéricas, lendo e registrando os números cardinais.

Conteúdos:

- Aspectos do texto oral de tradição infantil, parlenda;
- Sequência numérica;
- Rimas e aliterações presentes no texto;
- Ordem crescente e decrescente dos números
- Representações numéricas

Desenvolvimento: exploração da parlenda "A galinha do vizinho", com leitura e marcação do ritmo e sonoridade no texto; identificação da contagem e da representação de quantidades observadas; identificação de números cardinais; atividade de exposição dos números representativos e orientação para a leitura e escrita correspondente; resolução de problemas de adição, oralmente ou com registros no papel; descrição de aspectos de sequência numérica, ordem crescente, decrescente e outras observações pertinentes no texto.

Avaliação: Observações da participação e dos registros dos desempenhos individuais e em grupo dos estudantes no decorrer de cada atividade.

Figura 05: Parlenda – A galinha do vizinho

Fonte: Ubagai (2021).

V- Módulo 3: Neste módulo, busca-se explorar mais ainda o gênero textual, retomando a leitura e a declamação dos versos do poema "Balada para uma rima perdida", interpretando seu conteúdo, a fim de propor a elaboração e a resolução de problemas matemáticos.

Área de conhecimento: Língua Portuguesa e Matemática.

Objetivos:

- Ler e interpretar versos e estrofes pela escuta e visualização do poema, envolvendo problemas matemáticos;
- Conhecer os símbolos matemáticos de operações básicas adição e subtração;
- Levantar hipóteses e testá-las, experimentando erros e acertos;
- Pensar em situações-problemas de contagem, envolvendo ações de contagem;
- Realizar operações básicas de matemática em duplas contagem e adição simples.

Conteúdos:

- Leitura e interpretação de problemas matemáticos;
- Símbolos matemático de operações básicas;
- Operações básicas de adição.

Desenvolvimento: Neste momento, retoma-se o poema de Alexandre Parafita "Balada para uma rima perdida", recitando-o para toda a classe, dando ênfase ao termo "gatinha". Depois, realiza-se a leitura do poema, de modo a incentivar os estudantes a observarem a quantidade de vezes que a palavra "gatinha" aparece em cada estrofe e verso; deve ser feita a marcação de cada palavra, a leitura em voz alta e a contagem (repetida 7 vezes). Com isso, será feita a contextualização dos problemas de adição, envolvendo a quantidade de patas da gatinha; deve-se pedir que os estudantes tentem resolver os problemas, partindo da interpretação e dos registros em duplas; durante e após cada resolução, as duplas poderão aprender o uso dos símbolos matemáticos que indiquem adição ou outra operação que surgir nas estratégias, bem como a realização da adição e a interpretação dos problemas. Poderão ser propostas e criadas várias outras situações problemas a partir do poema.

Na figura 06, consta um exemplo de situação problema (UBAGAI, 2021) proposta a partir do tema e da discussão do gênero poema. A dupla fez os registros e cabe algumas observações a respeito. No registro da dupla, mostrado na fig. 6, houve a representação pictórica das gatinhas da situação problema, havendo observação e contagem de cada pata e a representação da operação de adição cujo resultado foi a soma da contagem (20), mesmo que as parcelas não correspondessem ao algoritmo.

Diante disso, é possível perceber na resolução o uso dos termos do problema (4) patas e (5) gatinhas e o símbolo representativo da adição (+) e o resultado do produto (20). Caso o símbolo (e o sentido) fosse de multiplicação, estaria condizente ao produto, porém, houve a contagem pela representação concreta das patas e o registro da soma ocorreu independentemente da representação do algoritmo. A dupla resolveu o problema usando as estratégias de que dispunha para demonstrar o raciocínio; e a conduta adotada revela ao professor essa construção dos estudantes e permitiu-lhe intervir durante e após o processo, buscando auxiliar no pensamento matemático e na forma de registros da linguagem matemática.

Avaliação: Acompanhar os estudantes durante as atividades propostas de interação com o conteúdo temático e na resolução de problemas, observando e anotando quais estratégias as duplas utilizam para a resolução do problema.

Figura 06: Situação problema proposta no módulo 3 e registros de uma dupla de alunos do 2º ano.

Fonte: Ubagai (2021).

VI - Produção Final
Áreas de conhecimento: Língua portuguesa, Matemática.

Objetivos:

- Produzir e socializar um poema autoral, segundo as características estudadas;

- Avaliar os textos produzidos, percebendo suas características, segundo o gênero estudado

Conteúdo:

- Produção e apresentação de poema;

- Características do poema;

- Leitura e interpretação textual.

Desenvolvimento: Estimular os estudantes a produzirem seus poemas, que poderão ser em duplas ou individualmente. Acompanhá-los e orientá-los na utilização dos elementos adequados ao gênero: conteúdo temático, desenhos, título, organização em versos e estrofes, aspectos gráficos etc. Programar um momento de socialização das produções com a turma, de modo que os estudantes possam declamar os poemas produzidos. Organizar um momento de avaliação coletiva no qual os estudantes possam responder às perguntas do quadro de avaliação coletiva (Figura 08).

Avaliação: observar e registrar o comportamento dos estudantes na elaboração dos poemas e no preenchimento do quadro avaliativo. (Figura 08).

Figura 07 - Atividade de orientação da produção final

Caro aluno(a), crie um poema utilizando o que você aprendeu ao longo das aulas. Use combinações de palavras que expressem tamanho, forma, quantidade de coisas existentes ou sentimentos por coisas ou pessoas.

Atenção! as produções comporão o painel coletivo da turma na Feira de Leitura da escola. Também os poemas poderão ser declamados pelos autores!

Fonte: Ubagai (2021).

Figura 08 - Atividade de avaliação coletiva

Sugestão de GUIA DE AVALIAÇÃO COLETIVA	SIM	NÃO
Dei título ao poema?		
Obedeci ao tema sugerido?		
Utilizei rimas?		
Escrevi versos?		
Organizei meu texto em estrofes?		
Usei palavras de modo criativo?		
Utilizei onomatopeias?		
Usei aliterações?		
Empreguei assonâncias?		
Usei vocabulário diverso?		
Meu poema foi declamado?		
Tenho vontade de escrever outros poemas?		

ATENÇÃO: A sugestão desse quadro é para que o estudante possa avaliar o seu poema e poderá ser ampliado conforme necessidade da turma. Pode ser interessante para os estudantes não leitores que os questionamentos do quadro sejam lidos para toda a turma em uma atividade de interação na qual todos sejam estimulados a responder de acordo com o que produziram.

Fonte: Ubagai (2021).

Considerações Finais

O artigo apresentado traz maneiras de enfrentar os desafios de ensinar a ler e escrever de modo contextualizado, lúdico, integrando componentes curriculares, isto é, cumpre seu objetivo de favorecer a organização do ensino e a mediação das habilidades de leitura, de escrita e de oralidade, nas áreas de matemática e linguagem de alunos do primeiro ciclo de alfabetização. A proposta de produto educacional exposta em recortes constitui-se, portanto, uma alternativa promissora de apoio pedagógico, com foco em uma prática alfabetizadora em prol do letramento linguístico e do letramento matemático.

A proposta de organização do ensino foi possível por meio da SD, dentro da qual se emprega o gênero textual, de acordo com pressupostos de Dolz, Noverraz e Schneuwly (2004). Foi escolhido o gênero literário poema cujos aspectos linguísticos e composicionais permitem explorar várias possibilidades de letramentos, bastando para isso usar a criatividade e a capacidade de mediação inerente aos professores.

A esses professores é importante reiterar a importância do aprimoramento constante e da busca de materiais que lhes possam inspirar a inovar a ação de ensinar. Isso porque, todas as mudanças começam em cada indivíduo que, ao refletir sobre seu trabalho, passa a criar modos de intervir no contexto em que atua, o que deverá contribuir para o êxito de seus alunos.

Na proposta apresentada, há um direcionamento de práticas pedagógicas que preconizam um alfabetizar letrando dos estudantes no/para o letramento matemático e linguístico. Isso compreende um modo de integrar a aprendizagem matemática ao domínio da leitura, da escrita e da oralidade. Um modo de articulação ainda incipiente que desafia os modelos disciplinares de ensinar e, ao mesmo tempo, ensaia um modo de diferente de condução das aulas de ensino da língua e de matemática nos anos iniciais de escolaridade.

Ademais, a prática que se orienta no texto visa a colaborar para uma aprendizagem da linguagem, com autonomia e criticidade perante o mundo. Passam os estudantes participantes a ver os conhecimentos de matemática e de língua portuguesa não como distantes um do outro, mas como saberes que podem se integrar, a partir do pensar sobre o texto, sobre a forma e sobre o conteúdo nele veiculado. Desse modo, percebe-se que, assim como a língua materna. e tudo o que com ela fazemos, a matemática também faz parte do dia a dia, estando presente em várias situações cotidianas de uso da linguagem, nos textos e nos materiais escritos a que se tem acesso no ambiente escolar e fora dele, enfim, na realidade física ou virtual.

Espera-se que este artigo possa ensejar novas práticas pedagógicas e que elas sejam capazes de contribuir para o ensino de leitura, escrita e matemática de professores alfabetizadores e demais docentes dos anos iniciais do Ensino Fundamental. As sugestões nele apresentadas guardam a possibilidade de ampliação, mediante cada realidade em que sejam planejadas e desenvolvidas, e de produção de novos conhecimentos para o professor na organização do ensino e na sua visão perante o saber, os alunos e sua prática profissional.

Referências

BRASIL. Ministério da Educação. **Base Nacional Comum Curricular-BNCC**: Educação é a base. Brasília, 2017. Disponível em: http://basenacionalcomum.mec.gov. br/. Acesso em: 07 jan. 2019.

DOLZ, J; NOVERRAZ, M; SCHNEUWLY, B. Sequências didáticas para o oral e a escrita: apresentação de um procedimento. In: SCHNEUWLY, B; DOLZ, J. **Gêneros orais e escritos na escola**. Tradução de Roxane Rojo e Glaís Sales Cordeiro. Campinas, SP: Mercado das Letras, 2004, p. 95-128.

FERREIRO, E.; TEBEROSKY, A. **Psicogênese da língua escrita**. Porto Alegre: Artmed, 1999.

KAMII, C. **A criança e o número: implicações educacionais da teoria de Piaget para a atuação com escolares de 4 a 6 anos**. Tradução Regina A. de Assis. 16ª edição – Campinas, SP: Papirus, 1990.

KAMII, C.; LIVINGSTON, S. J. **Desvendando a aritmética: implicações da teoria de Piaget**. Campinas, SP: Papirus,1995.

LORENZATO, S. **Educação infantil e percepção matemática**. Campinas, SP: Autores Associados, 2006.

LUVISON, C. C; GRANDO, R. C. Gêneros textuais e a matemática: uma articulação possível no contexto da sala de aula. **Reflexão e Ação**, v.20, n2, p.154-185. Santa Cruz do Sul, 2012.

MANFREDO, E. C. G. Letramento matemático de alunos dos anos iniciais empregando gêneros textuais no contexto de um projeto de intervenção metodológica.

In: XII **Encontro Nacional de Educação Matemática**, 2016. São Paulo. Anais: ENEM.

PARAFITA, A. Balada para uma rima perdida. In: **Histórias rimadas para ler e brincar**. Lisboa, Texto Editores, 2006.

SMOLE, K. C. S.; DINIZ, M. I. **Ler, escrever e resolver problemas: habilidades básicas para aprender Matemática.** Porto Alegre: Artmed, 2001.

SOARES, M. **Letramento: um tema em três gêneros**. Belo Horizonte, Autêntica, 1998.

SOARES, M. **Alfabetização: a questão dos métodos.** 1ª edição. São Paulo: Contexto, 2018.

UBAGAI, R. B. S. Reflexões sobre a Própria Prática em Experiências de Letramento e Letramento Matemático. **Dissertação** (Mestrado profissional em Docência em Educação em Ciências e Matemática). Universidade Federal do Pará, IEMCI- Belém, 2021.

Ensino e Aprendizagem de Matrizes no Contexto da Resolução de Problemas na Plataforma WhatsApp

Michel Silva dos Reis
Osvaldo dos Santos Barros

O presente trabalho trata da utilização do aplicativo WhatsApp[6] como ambiente de diálogos e estudos complementares dos conceitos matemáticos, com estudantes da segunda etapa do Ensino Médio da Educação de Jovens, Adultos e Idosos - EJAI, visando promover autonomia na resolução de problemas. Para tanto, apresentamos o estudo de caso dos estudantes da Escola Estadual de Ensino Fundamental e Médio Cidade de Emaús, localizada no Bairro do Benguí, na periferia de Belém-PA, quando utilizado o aplicativo WhatsApp para estudar as propriedades e aplicações das Matrizes, nas aulas de matemática. Participaram 25 estudantes (parte do 2º ano e do 3º ano).

Sendo esta uma pesquisa qualitativa, que utiliza o estudo de caso, evidenciamos comentários dos estudantes pesquisados, analisando dois ambientes de maneira alternada: o primeiro é a sala de aula, no qual lidamos com o método de Polya (2006) para a resolução de problemas e o segundo, o ambiente virtual na plataforma WhatsApp, onde foram promovidos diálogos, entre os estudantes, no sentido de compreender e exercitar os conceitos e propriedades das matrizes estabelecendo relação com o cotidiano.

Na dissertação que corresponde a pesquisa mais ampla desse trabalho procuramos responder à seguinte questão: como promover autonomia da aprendizagem a partir da utilização do aplicativo WhatsApp, como ambiente

---

6   Aplicativo multiplataforma de mensagens instantâneas e chamadas de voz e vídeo para smartphones. Além de mensagens de texto, os usuários podem enviar imagens, vídeos e documentos em PDF e fazer ligações grátis por meio de uma conexão com a internet. Para mais informações sobre o aplicativo ou guia sobre sua utilização consultar página: https://www.whatsapp.com/faq/pt_br/general/21073018.

de diálogos e interações, na construção dos conceitos de matrizes, suas propriedades e aplicações? Para tanto, desenvolvemos uma aula mista com avaliação dinâmica, com questões: objetivas e subjetivas, além de uma atividade em grupo, quando os estudantes apresentam resoluções de problemas.

Portanto, objetivamos promover diálogos criativos entre os estudantes, a partir da utilização do grupo criado no ambiente virtual WhatsApp e em sala de aula, buscando desenvolver autonomia de aprendizagem, aumentando o repertório de conhecimentos no estudo das Matrizes. Nesse sentido, o produto resultante desse estudo são as possíveis interações para o desenvolvimento de aulas dialogadas com o uso do aplicativo WhatsApp.

Nessa perspectiva, foi introduzido o uso do celular, pois a interação descrita entre os estudantes da EJA, acontecia por meio de grupos virtuais, onde conversavam, trocavam ideias e falavam de suas angústias. Era lá, que de alguma maneira estariam dialogando. Segundo Leite (2011, p.208), a construção de um grupo de troca e interação é a base para qualquer processo de aprendizagem, pois sem interação não haveria crescimento ou sua possibilidade de ampliação.

Assim, foi no contexto dessas ideias que surgiu a possibilidade de trabalhar o uso do celular, não na própria sala de aula, mas fora dela, como um segundo tempo de aula, como um apoio às atividades que ainda tinham por vir ou para discutir as dúvidas que ainda ficaram. Ou seja, essa foi a oportunidade de dar voz a esses estudantes, propiciar a interação e a busca de autonomia em seu aprendizado. A respeito da autonomia e a utilização da mídia na educação, Gomes (2016, p.154) destaca a necessidade de repensar o uso dos recursos midiáticos como uma ação educativa, focalizando, fundamentalmente, o estímulo à emancipação e à autonomia dos estudantes. Além disso, segundo Lévy (2004, p.4), os dispositivos informacionais estão cada vez mais capturando as aprendizagens.

A Metodologia de Pesquisa

Considerando as expectativas e a organização dada para iniciar a pesquisa, optamos por um estudo de caso, como metodologia desta pesquisa, primeiramente pela natureza da questão de pesquisa proposta, já que segundo Yin (2015, p.16), a natureza das questões pode influenciar diretamente a escolha dos métodos de pesquisa, sendo objetivo essencial, evitar que haja incompatibilidades entre o tipo de questão e o tipo de método selecionado.

Neste sentido, nossa questão de pesquisa aqui - *como utilizar o WhatsApp para promover autonomia da aprendizagem, construção do conceito e a interação do estudante com o conceito matemático a partir da mídia?* - se alinha perfeitamente ao método escolhido, pois o estudo de caso foi adotado pelo fato de que:

> A pesquisa de estudo de caso seria o método preferencial em comparação aos outros em situações nas quais (1) as principais questões da pesquisa são "como?" ou "por quê?"; um pesquisador tem pouco ou nenhum controle sobre eventos comportamentais; e (3) o foco de estudo é um fenômeno contemporâneo (em vez de um fenômeno completamente histórico) (YIN, 2015, p. 2).

Outro elemento que nos levou a essa escolha foi o fato de que o estudo de caso, segundo Yin (2015, p. 4, 5 e 36), contribui para o conhecimento de fenômenos grupais comum na Educação, focando no "caso" ao observar o comportamento de pequenos grupos (que no nosso caso o grupo formado no WhatsApp) e o desempenho escolar, trazendo um "caso de ensino" procurando estabelecer uma estrutura de debate entre os estudantes, tendo por fim um fenômeno da vida real com manifestação concreta.

Conduzimos uma pesquisa qualitativa, na perspectiva de Creswell (2014, p.52), para explorar o problema em questão, pela necessidade de estudar um grupo, para escutar vozes muito tempo silenciadas, ou seja, para compreender os contextos ou ambientes em que os participantes estão inseridos.

Pela recomendação do uso de casos mais concretos, Yin (2015) traz o estudo de indivíduos e pequenos grupos, o que se enquadra perfeitamente para o empreendimento de nossa pesquisa qualitativa na modalidade estudo de caso.

Figura 01: Casos ilustrativos para estudo de caso.

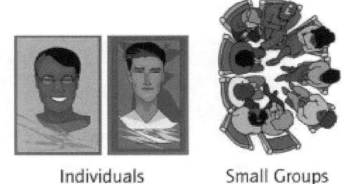

FONTE: Yin, 2015, p. 37.

O grupo escolhido para iniciar a pesquisa foi de estudantes da EJAI, pois todos eram pessoas que possuíam celulares e tinham intimidade com o aplicativo WhatsApp. Percebeu-se a necessidade de utilização do aplicativo por se tratar de um espaço propício para aprendizagem e a troca rápida de informações, onde todos pareciam estar motivados para iniciar a referente proposta. Segundo Hartman (2015, p. 69), a motivação dos estudantes é importante para pensar e aprender de modo eficaz.

Na organização dos estudantes como grupo tanto na plataforma WhatsApp como nas aulas presenciais, notou-se que eles apresentaram características de uma "comunidade de prática"[7], pois os estudantes trabalharam juntos para aprender o conteúdo de matrizes, negociaram significados provenientes das muitas interações ocorridas dentro dos conceitos trabalhados e demonstraram indícios de aprendizagem e autonomia na realização das propostas pedagógicas encaminhadas.

Segundo Wenger (1998, p.8), a aprendizagem se intensifica em momentos quando, por exemplo, nos juntamos para engajar em novas propostas de aprendizagem dentro da comunidade, onde o aprendizado é parte integrante

---

7   Segundo Lave e Wenger (1991, p.98), é um conjunto de relações entre pessoas, onde sua estrutura e suas relações definem possibilidades para aprendizagem. Na Comunidade de Prática, um grupo de pessoas se une em torno de um mesmo interesse, trabalhando juntas para encontrar meios de melhorar o que fazem na resolução de um problema, através da interação regular na comunidade. O termo foi criado por Etienne Wenger em conjunto com Jean Lave, para mais informações consultar Lave e Wenger (1991).

de nossa vida cotidiana, ou seja, parte de nossa participação em nossas comunidades e organizações.

Fundamentação Teórica

Ao tratar do uso de tecnologias digitais, onde o estudante encontra-se no contexto informatizado, que no caso, seria o ambiente virtual do WhatsApp, traremos como primeiro autor, Pierre Lévy, com sua obra: "As tecnologias da Inteligência", na qual trata do ser humano na era informatizada. O autor explora o termo "cibercultura", discutindo sobre o uso de elementos informatizados e seu papel no desenvolvimento intelectual do ser humano frente às novas tecnologias e suas características. Educar-se nesse contexto significa cada vez mais aprender, transmitir saberes e produzir conhecimentos, posto que no ciberespaço há tecnologias intelectuais que amplificam, exteriorizam e modificam numerosas funções cognitivas humanas como: memória, imaginação, percepção e raciocínios (LÉVY, 1999).

As inquietações surgem devido às muitas reclamações de colegas professores da rede estadual de educação básica, com respeito ao uso do celular por parte dos estudantes, tanto dentro de sala de aula, quanto fora dela. O que mais se vê, sem exceção, são celulares escondidos embaixo de cadernos, são trocas de mensagens de texto através de *wifi* (conexão de internet sem a necessidade de cabos), conversas em redes sociais, dentre outras. Logo a impressão que se tem, é que os jovens estão mais conectados e interligados do que nunca, mesmo estando distantes fisicamente.

Lévy (2007, p.17) nos alerta que o número de mensagens em circulação nunca foi tão grande, em contrapartida temos muito poucas ferramentas para filtrar informações relevantes. Considerar o ensino de matemática no atual contexto social requer o desenvolvimento de novas experiências tecnológicas educativas que tenham por base os componentes sociais e integradores para situar o professor No espaço tecnológico vivenciado pela maioria de nossos jovens na escola.

O segundo autor em que esta pesquisa se baseia é o teórico George Polya, a fim de fundamentar as proposições sobre a resolução de problemas matemáticos. Polya (2006) traz em seu livro "How to Solve It" (A Arte de Resolver Problemas) os quatro passos de seu método: (1) Compreender o Problema,

(2) Planejar sua Resolução, (3) Executar o Plano e (4) Examinar a Solução. O método da Resolução de Problemas se faz presente, nesta discussão sobre tecnologia, pelo fato de proporcionar ao estudante o despertar pelo interesse do objeto matemático estudado no decorrer de suas aulas. O professor de matemática pode direcionar, nos ambientes virtuais, momentos de discussões para que os estudantes possam criar suas próprias estratégias e não esperar que o professor o faça.

Além de Polya (2006), pesquisas como de Schoenfeld (1985), Pozo (1998), Pais (2001), Smole e Diniz (2001), Onuchic e Allevato (2011), Dante (2003) e Mendes (2009), recomendam a abordagem dos conceitos de Matemática a partir da Resolução de Problemas, relacionado ao conhecimento do conteúdo anteriormente adquirido, de modo a permitir a troca de pontos de vista por meio do cálculo experimental. Nessa perspectiva, o estudante adquire conhecimento matemático com o auxílio discreto do professor que indaga para sugestionar atitudes positivas, de modo que este adquira independência para realizar operações mentais sem a necessidade da presença de um instrutor.

É importante desenvolver a capacidade de raciocinar frente a uma determinada situação em vez de somente trabalhar técnicas de resolução. O professor deve propiciar momentos de diálogo para melhor entender os seus próprios estudantes, visando atribuir repertórios matemáticos suficientes para o bom entendimento de vocabulários próprios da área de Matemática. Isto porque, o estudante deve refletir, analisar e adquirir experiência objetivando autonomia no seu modo de pensar ao realizar operações matemáticas mais complexas, relacionando com problemas mais simples ou correlatos. A este respeito, Polya (2006, p.41) noz diz que:

> É difícil imaginar um problema absolutamente novo, sem qualquer semelhança ou relação com qualquer outro que já haja sido resolvido; se um tal problema pudesse existir, ele seria insolúvel. De fato, ao resolver um problema, sempre aproveitamos algum problema anteriormente resolvido, usando o seu resultado, ou o seu método, ou a experiência adquirida ao resolvê-lo. Além do que, naturalmente, o problema de que nós aproveitamos deve ser, de alguma maneira, relacionado com o nosso problema atual.

Com a escolha do conteúdo de Matrizes pelos próprios estudantes, dentro do contexto descrito, fundamentos esta pesquisa no tripé: i) o conceito matemático a ser trabalhado com os estudantes: o conteúdo de Matrizes; ii) o material didático informatizado virtual utilizado para dar apoio às aulas e gerar motivação nos estudantes: o WhatsApp; iii) e a teoria de aprendizagem que rege a aula presencial de matemática na sala de aula: A Resolução de Problemas.

Aspectos Teóricos e Metodológicos da Ação

Acreditando que na Área da Educação Matemática a Resolução de Problemas seria uma forma de atividade diferenciada para tratar as aulas em turmas da EJA, esta seção trata de uma breve discussão relacionando este método de ensino com as experiências de prática em sala de aula com turmas da EJA. O interesse nesta modalidade de ensino, além do fato do primeiro autor desta pesquisa ser professor dessas turmas, é também em acreditar que as experiências de vida desses alunos poderiam contribuir na busca de um objeto de estudo, até o surgimento dos grupos no WhatsApp.

Resolução de Problemas em turmas de EJAI

No decorrer das aulas de matemática, notou-se que muitos estudantes ficavam dispersos durante as explicações ou atividades propostas, como se esperassem encontrar algo que lhes fossem familiar. Porém, em turmas de EJAI, o mais comum é deparar-se com questões em que os estudantes não conhecem ou não lembram, já que muitos deles estavam, por alguns anos, distantes da escola, por motivos diversos.

Muitas vezes, recorremos ao que chamamos aqui de "microaulas", reservamos um espaço em branco do quadro magnético (lousa onde o professor escreve) para relembrar os conteúdos referentes à aula vigente, onde o estudante possa recordar conteúdos de anos anteriores. Na maioria das vezes, esta abordagem parece útil, porém mesmo assim alguns estudantes não interagem com o professor ou com seus colegas, o que parece demonstrar algum tipo de obstáculo em relação ao estudo do objeto matemático.

Uma possível abordagem, na tentativa de superar obstáculos cognitivos relacionados à aprendizagem de matemática, seria a de os estudantes entrarem em contato com problemas resolvidos, pois estes contribuem de forma positiva quando os estudantes utilizam a resolução para investigar e compreender o conteúdo matemático proposto em sala de aula. Para tanto, Mendes (2009, p. 78), afirma que o professor deve oferecer ao estudante os vários tipos de problemas possíveis durante as suas atividades docentes, pois é da diversidade de experiências que os processos cognitivos de generalização e síntese se efetivam.

Na concepção de Smole e Diniz (2001, p.89), o termo resolução de problemas é denominado de perspectiva metodológica, pois seria um modo de organizar o ensino, onde se deve ter o enfrentamento de uma determinada situação problema que não possui solução evidente, necessitando de um repertório de conhecimento do estudante para solucionar o problema.

Sendo assim, nesta concepção, teríamos algo maior que os propostos nos problemas convencionais, que encontramos em muitos livros didáticos, pois não teríamos algo mecanizado e sim a construção de conhecimentos matemáticos, diferentemente das questões diretas como, por exemplo: O diâmetro de uma circunferência vale 10cm, qual o valor do seu Raio? Ou ainda, faça o gráfico da função $f(X) = 2.X - 1$. Perceba que nestas questões, as resoluções são diretas, não tendo uma reflexão a respeito dos conceitos e conteúdos abordados. Logo, se o professor abordar uma questão um pouco diferente dessa perspectiva, o estudante teria certa dificuldade de respondê-la, sendo assim faz-se necessário um comprometimento por parte do educador para formular e trabalhar as questões de matemática a serem abordadas em suas aulas.

Estudantes adultos, mesmo sem saber formalizar conceitos operatórios matemáticos, podem resolver algumas operações por experiência de situações usuais e a relação entre operações. É necessário um estudo para que o educando adquira domínios de técnicas operatórias, visto que, posteriormente, ao deparar-se com situações problema, poderá solucioná-las com algoritmos mais complexos. Assim, ao educador compete: fornecer condições prévias para que os pressupostos à solução de um problema sejam trabalhados de maneira clara e objetiva.

Para tanto, devemos recorrer à didática para conhecer estratégias de aprendizagem, o professor deve analisar e explorar aspectos de todos os tipos, tanto no campo científico quanto no campo real vivenciado no dia a dia dos envolvidos, apropriando-se de tal forma que possa direcionar suas aulas a um panorama qualitativo e não somente quantitativo. Neste sentido, com relação à didática aplicada pelo professor, Pais (2001) alerta que:

> [...] é preciso destacar que os saberes são concebidos, validados e comunicados por diferentes maneiras que condicionam o funcionamento do sistema didático. Para melhor fundamentar as estratégias de aprendizagem, compete à didática analisar as variações associadas a esses três aspectos, decorrentes da natureza de cada disciplina. Quer seja em nível dos saberes científicos, escolares ou do cotidiano, o trabalho pedagógico exige uma análise dessas variações que revelam aspectos intuitivos e experimentais, voltado para uma aproximação do aspecto teórico do saber científico.

Em uma situação didática, na concepção de Pais (2001), o envolvimento das relações entre o educador e o educando é de suma importância para o desenvolvimento das atividades pedagógicas realizadas na sala de aula. Porém, não é fator predominante para se considerar as situações cognitivas que poderão ser implicadas, logo, devemos realizar a junção do que fazemos entre tais situações e outros elementos do sistema didático como: objetivos, métodos, posições teóricas e recursos didáticos.

Além disso, devemos ter cuidado ao apresentar o conteúdo durante as aulas, pois este deve ter um contexto significativo para o estudante, caso o contrário, "se o contexto priorizado, pelo professor, for exclusivamente os limites do saber matemático puro, o que ocorre é uma confusão entre o saber científico e o saber escolar" (PAIS, 2001, p.66).

O professor deve se manter em alerta para perceber as pequenas situações nas relações existentes no ambiente educacional do seu espaço de trabalho, porém deve entender que o tempo investido por ele dentro da sala de aula constitui apenas uma parte da aprendizagem do estudante e que existe outros saberes que não podem ser "controlados" pelo professor. Esses saberes, podem de alguma forma ser incorporados ao trabalho pedagógico desenvolvido pelo professor de matemática, cabendo a ele pesquisar aquilo que o estudante sabe para tentar adaptar em suas aulas.

Esta adaptação é um ponto de partida para que o estudante adulto possa solucionar problemas matemáticos, aguçando a criatividade para que ele expresse suas habilidades ao realizar cálculos permeados por conhecimentos anteriormente adquiridos. Como professores comprometidos com a educação de nossos jovens, devemos acreditar nesta "expansão" do domínio cognitivo de nossos estudantes, uma vez que ele poderá ser motivado a estruturar suas próprias situações problemas envolvendo a matemática de seu cotidiano e os conhecimentos perpassados durante suas aulas em contato direto ou indireto com o professor. Neste sentido, "a adaptação pode ser entendida como a habilidade que o estudante manifesta em utilizar seus conhecimentos anteriores para produzir a solução de um problema" (PAIS, 2001, p.69).

Resolução de Problemas e o Surgimento do Grupo Virtual WhatsApp

Ao introduzirmos o repertório do estudante às aulas de matemática, acabamos por abarcar também, os conhecimentos relacionados à informática, pois os estudantes estão mais inteirados com tal questão do que podemos imaginar. Cabe ao professor de matemática redirecionar a atenção do estudante para questões mais construtivas, tendo como direcionamento a educação, já que muitos estudantes e professores possuem contato direto com a internet, computadores, celulares conectados, tablets, wifi, dentre outros.

Tais tecnologias digitais oferecem uma gama de informações que podem contribuir para que o estudante tenha acesso um acervo de conhecimentos para poder introduzir em suas explanações a respeito da resolução de problemas matemáticos. Nesse sentido, justifica-se a utilização do aplicativo WhatsApp como ferramenta de apoio às aulas de matemática, pois este aplicativo serve muito bem para comunicação, compartilhamento de informações e mídias e interação do professor e do estudante dentro ou fora do ambiente escolar, tratando de situações a nível pedagógico e de interesse educacional.

O conhecimento exigido e adquirido na era tecnológica em que vivemos é muito mais do que apenas fazer coleções de informações navegando pela internet, com as inovações tecnológicas sempre presentes em nosso cotidiano. O professor deve incorporar tais práticas em suas atividades pedagógicas, oferecendo ao estudante informações importantes a respeito da matemática, onde a função do estudante nesse panorama tecnológico é muito mais do que apenas "colecionar informações". O aluno passa a "processar informações", no sentido de realizar "tratamento de informações para transformá-las em conhecimento" (PAIS, 2001, p.70).

A utilização da internet como via de comunicação entre professor e estudante adulto torna-se interessante quando os envolvidos trocam informações relevantes ao ensino da matemática. Além de poder relacionar-se com outros colegas de sala de aula, o estudante tem em mãos um poderoso meio de tirar suas dúvidas, pedir orientações e partilhar conhecimentos com todos os interessados, realizando conferências em grupos virtuais, ainda no WhatsApp, enviando mensagens de texto ou de áudio, compartilhando ideias, angústias e socializando experiências em contato com o objeto matemático em estudo proposto pelo professor.

O professor como orientador em uma conversação, estando em um ambiente virtual via WhatsApp, deve mover as discussões para um direcionamento didático, tendo o devido cuidado ao lidar com os participantes do grupo, evitando incômodos e melindres. Peters (2001, p.51), tratando de modelos de conversação, comenta como o professor deveria empenhar-se em manter, nestes casos, uma "linguagem clara", escrevendo de modo pessoal, envolvendo os participantes emocionalmente. Além disso, o autor destaca que o professor não deve realizar digitações extensas de leitura minuciosa e cansativa, precisa direcionar os estudos no ambiente virtual para pontos importantes, mantendo sempre a animação ao fazer perguntas e manifestar opiniões.

Neste sentido, a relação professor e estudante, é propícia a uma conversa longa e duradoura, dando oportunidade para que o educador possa explorar os diálogos dos estudantes acerca da resolução de problemas matemáticos, criando estratégias para redirecionar a didática aplicada em aulas presenciais posteriores. Os celulares hoje são verdadeiros computadores de mão capazes de trocar e-mail, repassar vídeos, fotos dentre outras atividades em instantes. E ainda, com a expansão da conexão via wi-fi (internet sem fio), temos a navegação na internet muito mais veloz, com inúmeras possibilidades para a educação, pois a distância entre o estudante e o material didático ficou ainda menor, facilitando ao educador propor uma estratégia de educação a distância de qualidade, priorizando a construção do conhecimento pelo próprio educando. Neste contexto:

> As novas tecnologias, portanto, ampliam o espectro das formas do ensino e da aprendizagem no ensino a distância, numa dimensão quase inimaginável. Possibilitam aos estudantes formas de ativação

jamais conhecidas antes, o que pode tornar a aprendizagem mais atraente e eficiente. E para os docentes amplia-se o espaço para decisões didáticas. (PETERS, 2001, p.230).

Explorar o ambiente virtual introduzindo conversas produtivas é interessante, uma vez que conduz o estudante a práticas autônomas, pois sem o professor presente, o estudante terá de estruturar respostas à resolução de problemas levantados sem estar em contato direto. Nessa perspectiva, devemos instigar os envolvidos a procurar estratégias por meios adquiridos em sala de aula ou por conhecimentos anteriores adquiridos em contato com as questões levantadas pelo orientador, cabendo ao estudante buscar melhores estratégias, exemplificando suas ideias por meio de vídeo, texto escrito ou por gravação de voz, ampliando cada vez mais o seu repertório matemático apropriando-se do vocabulário utilizado pelo professor no ambiente virtual.

A resolução de problemas é necessária aos estudantes de EJA, pois acredita-se que estudar a compreensão e interpretação dos enunciados de problemas matemáticos ajuda os estudantes na análise e resolução dos procedimentos mobilizados por eles. Além disso, devemos oferecer ao estudante condições para realizar atividades sem a interferência do professor, para que obtenha conhecimentos por esforço próprio, na busca por resolução de problemas. Segundo Pais (2001, p.71), na resolução de problemas em matemática:

> Há uma interpretação teórica das situações que não estão diretamente sobre o controle pedagógico, mas essa impossibilidade de controle não impede o reconhecimento de sua importância para aprendizagem, por certo, quando o estudante encontra-se em uma situação de pesquisa de solução de um problema, diversos procedimentos de raciocínio ocorrem sem o controle do professor. A riqueza das ideias provenientes do imaginário do estudante resume a busca de solução do problema.

O professor de matemática ao implementar o método da Resolução de Problemas em suas aulas, deve ter em mente o nível de problema a ser escolhido, pois este não pode estar em um nível intelectual descontínuo a do estudante, para assim, podermos explorar as potencialidades dos envolvidos em suas particularidades em relação ao saber matemático estudado. Daí, podemos observar as habilidades desenvolvidas pelo estudante em relação a situações didáticas impostas.

Realizado um contrato pedagógico com os envolvidos, propõe-se uma aula mista, dividida em dois momentos: presencial e virtual.

Quadro 01: Aula Mista

(1) Aula Presencial:	(2) Aula Virtual:
• Realizada dentro do ambiente de sala de aula; • Intencionalidade de trabalhar o conteúdo proposto; • Tempo escola, presencial; • Professor, quadro magnético, estudante, característica de aula formal; • Resolução de Problemas;	• Realizada dentro do ambiente virtual (plataforma *WhatsApp*); • Intencionalidade de discutir conceitos matemáticos; • Tempo comunidade, aula à distância orientada; • Professor, imagens, diálogo (mensagens escritas ou voz), vídeos, estudante, aula criativa;

Fonte: Próprio autor

No primeiro momento, em aula presencial, será considerado método heurístico (heurística moderna), que segundo Polya (2006, p.100), é a parte da filosofia que se dedica a inventar maneiras de resolver problemas, procurando compreender o processo solucionador desses problemas. Nesta ordem, temos os passos: (1) *Compreensão do Problema*: é preciso compreender o problema, ter uma leitura atenta; (2) *Estabelecimento de um Plano*: é necessário encontrar a conexão entre os dados e a incógnita. Caso necessário, procurar problemas correlatos, buscando em seu repertório algo que faça uma conexão para chegar a um plano para resolução; (3) *Execução do Plano*: Execute o plano traçado (ação). Verifique cada passo; e por último, (4) *Retrospecto*: Examinar a solução obtida, assim como correlacionar com outras soluções ou verificar se sua solução se adéqua a outro problema.

O segundo momento, aula à distância (virtual), tem como objetivo, fazer com que os estudantes da EJAI trabalhem dialogicamente no grupo virtual WhatsApp, pois assim como um trabalho ou um "dever de casa" que o professor propõe para os estudantes levar em um dia da semana para entregar em outra, o ambiente virtual fora da sala de aula funcionará como uma sala de aula "aumentada", orientado pelo professor, com os estudantes interagindo, trocando mensagens, enviando respostas, pesquisando, dialogando, ou seja, socializando informações. Para exemplificar tal situação, traremos a seguir dois momentos da pesquisa, um presencial e outro virtual. Os nomes dos estudantes citados na pesquisa são fictícios, para salvaguardar o direito ao anonimato.

Primeiro Momento - Atividade Presencial: Introdução ao Estudo de Matrizes:

Como os estudantes nunca haviam tido contato com tais conceitos, consideramos importante discutir o que seria uma matriz e como ficariam dispostos seus elementos. Não apresentamos de imediato à definição, foram apresentadas as seguintes matrizes para discutirmos:

$$[1\ 5\ 2\ 4] \qquad [6\ 0\ 1\ 5\ 2\ 4] \qquad [1\ 5\ 7\ 8\ 6\ 5\ 2\ 4\ 0] \qquad [5]$$
$$[1\ 7\ 2]$$

Apareceram expressões do tipo: "são tabelas?", "valores de alguma pesquisa só com os números?", "não sei o que pensar professor!", "são quadrados?". Não faltaram indagações interessantes para tratar sobre a representação de matrizes com os dados numéricos. Considerando que já havíamos indagado bastante sobre os dados mostrados, de onde poderiam ter saído ou de como poderíamos obtê-los, escolhemos o momento apropriado para comentar o conceito apresentado pelo livro didático contido na biblioteca da Escola, Matemática Paiva (2013, p.95): "chama-se matriz do tipo m x n toda tabela de números dispostos em m linhas e n colunas". A partir daí tratamos de encontrar linhas e colunas nas representações apresentadas inicialmente para encontrar o tipo de matriz:

[1524] 2x2 , pois trata-se de uma matriz de 2 linhas e 2 colunas.

[601524] 3x2 , pois trata-se de uma matriz de 3 linhas e 2 colunas.

[157865240] 3x3, pois trata-se de uma matriz de 3 linhas e 3 colunas.

[5] 1x1 , pois trata-se de uma matriz de 1 linha e 1 coluna.

[172] 3x1, pois trata-se de uma matriz de 3 linhas e 1 coluna.

Depois desta atividade passamos a discutir onde poderíamos observar algo e aceitar que aquilo serviria como uma representação de uma matriz. Esperávamos as seguintes respostas: tabelas de preços, pontos de jogos de futebol, valores apresentados em jornais, notas de provas e avaliações. Porém o surpreendente foi observar as respostas rápidas dos estudantes: "estudantes enfileirados olhados de cima", "furos de ventilação na parede", "botões de camisa" "tabuleiro de xadrez". Envolvidos em tantas discussões pertinentes, os estudantes criaram alguns problemas interessantes:

> – "João": *se um tabuleiro de xadrez tem a forma de uma matriz 8 x 8, sabendo que cada jogador tem 16 peças, que matriz formaria os espaços vazios com as peças arrumadas para dar inicio ao jogo?*

> – "Maria": *em uma plantação de mudas, querendo plantar 16 mudas de açaí, em forma de uma área quadrada, com um espaço de 2m entre elas. Olhando a plantação de cima, teríamos que tipo de matriz?*

Observando as questões formuladas, os estudantes formaram equipes para resolver as questões. Adotamos o método de Polya (2006) durante a aula, desenvolvendo as quatro etapas já mencionadas anteriormente.

Em relação à questão (1), os estudantes foram orientados a entender o problema (1º passo), instigando-os a organizar os dados, neste sentido alguns estudantes puseram-se a indagar:

> – "Pedro": *Uma matriz 8 por 8, tem oito linhas e 8 colunas não é professor?*

> – "Alves": *Seria interessante desenhar um tabuleiro de xadrez professor?*

Aproveitando a empolgação dos estudantes pusemo-nos a desenhar o tabuleiro. Ao desenhar, pensamos o que poderia ser feito para chegar à solução do problema (passo 2). Logo ficou decidido que fariam marcações nos "quadradinhos" onde ficariam as peças do tabuleiro no início do jogo, e os "quadradinhos" restantes seriam a solução do problema. Traçado a estratégia dos grupos, os estudantes puseram-se a desenvolver o plano (passo 3):

Figura 3: Resolução dos Estudantes da Questão 1

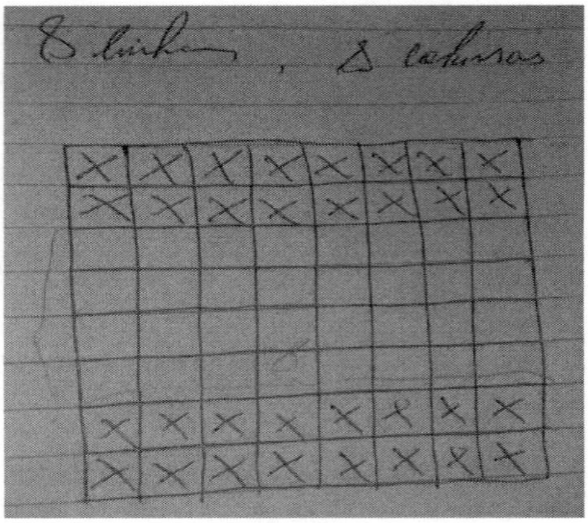

Fonte: Próprio autor

Acabado a resolução, fazendo o retrospecto do que foi feito na resolução (passo 4), comparamos alguns desenhos de outras equipes e concluímos que se tratava de uma matriz de 4 linhas e 8 colunas, ou seja, matriz 4x8.

Já o problema (2), foi bastante discutido, pois havia muitos dados e nenhum desenho ou imagem para ser utilizado de parâmetro:

– "Luana": *Será que seria preciso desenhar um quadrado?*

– "Maria": *Quando pensei no problema não imaginei quadrado?*

– "Aleson": *Mas 16 mudas podem formar um quadrado? E esses 2m?*

– "Gabriele": *Professor acho que basta fazer fileiras de 4 mudas em cada!*

Ainda considerando os passos de Polya (2006), notando que os estudantes já traçavam algumas estratégias (passo 1 e 2), pusemo-nos a desenhar (passo 3) e discutir os resultados (passo 4), parece que a estratégia de desenhar foi bem aceita entre os estudantes:

Figura 04: Resolução dos Estudantes da Questão 2

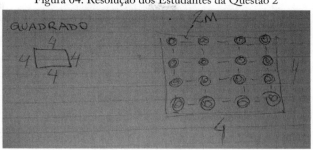

Fonte: Próprio autor

Comparando resoluções os estudantes chegaram à conclusão de que não havia necessidade no cálculo para utilização do dado: 2m, que poderia haver no enunciado, apenas que precisaria de um espaço entre as mudas. Manifestaram que organizando as mudas em fileiras de 4 (ideia de Gabriele), teríamos uma matriz em forma de quadrado com 4 linhas e 4 colunas, ou simplesmente 4x4. Vale ressaltar, que como este é um problema de uma situação real, a informação (2m) é relevante, pois se tem um espaço entre as mudas logo poderiam surgir indagações sobre tal espaço. Como Polya (2006, p.7) nos diz: "As boas ideias são baseadas na experiência passada e em conhecimentos previamente adquiridos". Neste sentido faz-se necessário acessar este repertório dos estudantes para que surjam bons problemas e ótimas resoluções.

Segundo Momento - Atividade Virtual: Representação de Matrizes

Como atividade no grupo virtual WhatsApp, aproveitando a visão dos estudantes em relacionar algo do cotidiano com a forma de linhas e colunas de uma matriz, foi postado a seguinte atividade: "postar uma foto capturada pelo seu celular que você considere que seja uma representação de uma Matriz, informando sua forma m x n, ou seja, m-linha e n-coluna".

Figura 05: Conversa Grupo Virtual

Fonte: Print screen do celular do autor

Figura 06: Conversa Grupo Virtual

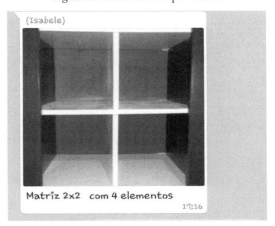

Fonte: Print screen do celular do autor

Figura 07: Conversa Grupo Virtual

Fonte: Print screen do celular do autor

Figura 08: Conversa Grupo Virtual

Fonte: Print screen do celular do autor

Consideramos que esta proposta estaria ligada à atividade de "reconhecimento", onde o resolvedor a realiza como forma de recordar um fato específico ou uma definição (BUTTS, 1997, P.33). Neste momento, ficou evidente a forma como a tecnologia móvel encurta a distância entre professor e estudante, dando oportunidade de trocar ideias, mudar posicionamentos e adquirir motivação na busca por conhecimento, pois utilizar a internet para interagir, câmeras de celular para registrar momentos, molda o ambiente de estudo "criando novas dinâmicas" para se trabalhar a Matemática (BORBA, 2014, P.77).

Considerações Finais

A utilização do ambiente virtual WhatsApp funcionou como elemento de promoção de atitudes positivas nos estudantes, pois estes demonstraram durante a pesquisa motivação na busca de elementos para o estudo de Matrizes. Eles participaram das resoluções de problemas frente a seus colegas sem inibições, dialogaram entre si, demonstraram interesse pelo objeto de estudo em questão, além de construírem e solucionarem problemas criados por eles próprios.

Nas postagens, surgiram muitas imagens interessantes e discussões produtivas. O envolvimento com a atividade proposta foi bastante proveitoso. Os estudantes representaram os elementos de uma matriz e a quantidade de linhas e colunas em imagens que, para eles, ficaram evidentes a existência de uma relação direta com a atividade de sala de aula. A inserção da ferramenta tecnológica nas discussões dos conteúdos possibilitou ao estudante e ao professor, a socialização dos conteúdos trabalhados na prática interativa. Além disso, foi observado um alto interesse dos envolvidos nas atividades de resolução de problemas em sala de aula e no grupo virtual, evidenciando um aspecto positivo da proposta da pesquisa.

A divisão do trabalho em dois momentos: Sala de aula (presencial) e plataforma WhatsApp (virtual), otimizou o tempo pedagógico gerando maior oportunidade de aprendizagem e um maior número de resolução de problemas matemáticos, demonstrando que o aplicativo e o modo como foi utilizado consistiram em um instrumento com um alto potencial didático para as aulas de Matemática.

Esperamos que a proposta pedagógica apresentada neste artigo venha a contribuir como fonte de pesquisa para futuros professores com interesse em inserir a tecnologia em suas atividades, assim como a utilização do método de Resolução de Problemas. Servindo de exemplo para futuros pesquisadores que queiram fazer pesquisa sobre sua própria prática de sala de aula. E ainda, que os professores da EJA, não tenham medo de inovar no ensino dos conteúdos matemáticos, proporcionando uma melhor compreensão por meio da reflexão das atividades propostas, ocasionando assim um melhor aprendizado a seus estudantes.

Referências

BORBA, M. C. **Fases das tecnologias digitais em Educação Matemática: sala de aula e internet em movimento**. 1 ed. Belo Horizonte: Autêntica Editora, 2014.

BUTTS, T. **Formulando problemas adequadamente**. In: KRULIK, S.; REYS, R. E. (Org.): A resolução de problemas na matemática escolar. Trad. Hygino H. Domingues e Olga Corbo. São Paulo: Atual, 1997, 343p., p. 32 – 48.

CRESWELL, John W. **Investigação Qualitativa e Projeto de Pesquisa: escolhendo entre cinco abordagens**. 3ª ed. Porto Alegre: Penso, 2014.

D'AMBROSIO, Ubiratan. **Da realidade à ação: reflexões sobre educação e matemática**. Campinas, SP: Ed. da UNICAMP; São Paulo: Summus, 1986.

GOMES, Suzana dos Santos. **Infância e tecnologias**. In: COSCARELLI, Carla Viana (Org.). Tecnologias para aprender. 1. ed. São Paulo: Parábola, 2016. p.143-158.

HARTMAN, H. J. **Como ser um professor reflexivo em todas as áreas do conhecimento**. Porto Alegre: AMGH, 2015.

LEITE, Lúcia Helena Alvarez. **Escola, cultura juvenil e alfabetização: lições de uma experiência**. In: SOARES, Leôncio; GIOVANETTI, Maria Amélia; GOMES, Nilma Lino (Org.). diálogos na educação de jovens e adultos. 4. ed. Belo Horizonte: Autêntica, 2011. p. 205-224.

LÉVY, Pierre. **– As tecnologias da Inteligência- O futuro do pensamento na era da informática**. São Paulo: Editora 34, 2004, 13a. Edição.

LÉVY, Pierre. **Cibercultura.**São Paulo: Editora 34, 1999.

PAIVA, M. **Matemática paiva**. 2 ed. - São Paulo: Moderna, 2013

POLYA, G. **A arte de resolver problemas: Um novo aspecto do método matemático**. Tradução e adaptação Heitor Lisboa de Araújo. Rio de Janeiro: Interciência, 2006.

YIN, Robert K. **Estudo de caso: planejamento e métodos.**Trad. de Cristhian Matheus Herrera. 5ª ed. Porto Alegre: Bookman, 2015.

Investigação-Ação na Escola: um guia didático para formação contínua de professoras e professores que ensinam Ciências nos Anos Iniciais

Elias Brandão de Castro
Wilton Rabelo Pessoa

No presente capítulo relatamos e discutimos um itinerário de formação continuada de professoras e professores que ensinam Ciências nos Anos Iniciais, apresentado como um guia didático, baseado na perspectiva da investigação-ação. A proposta formativa foi desenvolvida no âmbito de pesquisa de mestrado profissional, no Programa de Pós-Graduação em Docência em Educação em Ciências e Matemática (PPGDOC/UFPA). Tal pesquisa teve como objetivo investigar de que modo, por meio de intervenções formativas no intercâmbio entre prática e teoria, a experiência vivenciada em contexto pode contribuir para o ensino de Ciências nos Anos Iniciais. (CASTRO, p. 19, 2019).

O itinerário formativo foi pensado a partir da constituição de um grupo de práticas de formação contínua na escola (GPFCE), composto por professoras interessadas pela pesquisa sobre a própria prática e a inserção de conteúdos de Ciências e de Química em suas aulas. Na referida investigação foram identificadas contribuições para a formação das professoras tais como a problematização de suas ideias sobre aprender e ensinar na escola, especialmente em relação ao ensino de Ciências que desenvolviam e seu lugar no currículo dos Anos Iniciais. Adicionalmente, foi observada a elaboração de práticas de ensino de Ciências voltadas para a inserção do conhecimento químico nos Anos Iniciais (CASTRO, p. 2019).

Sobre o ensino de conhecimentos químicos nos Anos Iniciais, embora numa visão tradicional eles sejam, por vezes, trabalhados nos Anos Finais, geralmente no último ano do Ensino Fundamental, a pesquisa da área de ensino de Ciências e a Base Nacional Comum Curricular (BNCC) reconhecem caminhos para sua introdução nos Anos Iniciais. Isso porque, para uma formação integral e significativa, esses conteúdos necessitam compor o repertório do ensino de Ciências desde os primeiros anos de escolarização. Sendo assim, docentes dos Anos Iniciais se veem desafiados a contemplar o que dispõem os documentos curriculares oficiais e equacionar as demandas diárias da sala de aula. Tais instâncias reivindicam tanto o conhecimento dos conteúdos a serem ensinados, bem como abordagens metodológicas que aproximem o estudante da cultura científica e desenvolvam o gosto pela aprendizagem das Ciências.

Foi nesse cenário de estudos acerca da implementação da BNCC, que quatro professoras dos Anos Iniciais e um professor licenciado em Química, atuantes em uma instituição da rede pública de ensino do município de Ananindeua-PA, constituíram um grupo para investigação-ação colaborativa na escola. A finalidade do grupo era fomentar discussões e ações no âmbito do ensino de Ciências para crianças. O GPFCE foi criado a partir do interesse das professoras em tomar parte de práticas de investigação e formação no contexto escolar, com o propósito de que todas participassem e de igual modo fossem valorizadas pelo que constituíram em suas trajetórias pessoais de formação e docência. O objetivo era que as discussões desenvolvidas pelas participantes levassem à melhoria do ensino de Ciências na escola. O grupo constituído pelas professoras dos Anos Iniciais e pelo professor de Química, denominado professor-assessor, demonstrou reunir elementos como: disponibilidade, interesse, compromisso e parceria, os quais fortaleceram a relação entre pessoas com posições diferentes, mas que eram iguais em termos hierárquicos no GPFCE. Isso permitiu tecer a cada encontro formativo uma rede de vínculos e de colaboração sobre a profissão docente e especificamente o ensino de Ciências.

A inserção da pesquisa no contexto da atividade profissional das professoras se alinhou com o modelo de investigação-ação, cujas metas se embasam em formar professores que reflitam sobre a própria prática, tendo em vista sua melhoria, em termos de sua docência e condições de trabalho (CARR E KEMMIS, 1998; ELLIOTT, 1990). Para Elliot (1990) a investigação-ação se conecta a uma questão problemática da prática. Essa situação desafiadora dará coerência aos encaminhamentos assumidos, para tanto, o problema precisa evidenciar o motivo pelo qual o docente quer se envolver nesse processo. Ao identificar e reconhecer a questão desafiadora é desejável que os professores invistam em estudos e pesquisas que façam frente à questão, experimentando e avaliando estratégias que fomentem mudanças tangíveis na própria prática docente.

Carr e Kemmis (1988), propõem como elementos necessários para o desenvolvimento da investigação-ação o desenvolvimento de algumas etapas: planejamento, ação, observação, reflexão, replanejamento, entrelaçados por uma espiral autorreflexiva. Tal processo demanda articulação entre uma explicação retrospectiva (observação e reflexão) e uma ação prospectiva (planejamento e ação), como canais de captação, nesse movimento dinâmico, de situações conflituosas para conscientização das ações práticas por meio do diálogo. Nessa lógica, após a identificação do problema da ação educativa, faz-se necessário conhecê-lo e criar estreitamentos teóricos com ele, em consonância com a própria trajetória docente. É desejável que o envolvimento do grupo seja intenso, de modo que os próprios professores participantes possam intervir no problema, organizando ações num ambiente democrático de decisões sobre o que, como, por que e para que fazer daquele modo. As articulações, nesse contexto de troca e de estudo dinâmico, projetarão o planejamento para tratamento do problema da prática.

O modo como a investigação-ação se constituiu na docência das professoras colaboradoras da presente pesquisa, como processo fluído, aberto e sensível, se colocou como alternativa a um modelo formativo com conteúdo definido de maneira prévia e externo às condições de desenvolvimento da docência na escola. Para Carr e Kemmis (1988), tão importante quanto a realização dos passos indicados no processo de investigação-ação, é o desenvolvimento profissional dos participantes, a tomada de consciência e evolução no exercício de cada docente, adquirindo assim nova compreensão de sua prática.

A vivência no GPFCE possibilitou às professoras movimentos de reflexão sobre seus saberes e fazeres internalizados na prática e assumidos frente às situações conflituosas da atuação educativa. Identificamos como aspectos formativos da investigação-ação, o posicionamento do professor como pesquisador da própria prática, como agente capaz de encarar situações conflituosas da docência e responder a elas de maneira reflexiva, ativa e crítica, no âmbito de uma parceria colaborativa. Tais elementos de formação podem promover um percurso voltado para o desenvolvimento profissional e, por conseguinte, para questionamento e mudança da prática educativa em Ciências nos Anos Iniciais.

O produto educacional em que apresentamos o modelo formativo do GPFCE é de uma realidade específica, assentado na perspectiva formativa colaborativa, que direcionou olhares para o ensino de Ciências e em particular para a abordagem de conhecimentos químicos no contexto desse ensino, partindo de vivências e saberes de professoras dos primeiros anos de escolarização. O guia didático com o percurso de formação continuada que trazemos a seguir é de caráter transacional e, desse modo, é aberto e passível de novas interpretações e adaptações das ideias que o compõem.

Produto Educacional: orientações sobre o modelo de formação continuada proposto

O produto educacional orientado pela investigação-ação, apresenta um modelo de formação continuada, que parte do contexto real e singular de atuação docente nos Anos Iniciais. O modelo foi apresentado no formato de guia didático com o título: Investigação-ação na escola: guia para professores que ensinam Ciências nos Anos Iniciais (CASTRO, 2019).

As ideias e objetivos que compõem o guia são fruto de um percurso trilhado no constante diálogo com as professoras, delineado por um itinerário composto por seis encontros formativos assistido-colaborativos. Denominamos a formação continuada como assistido-colaborativa, com base na metodologia da investigação-ação, pela qual um assessor acompanha o movimento investigativo, deflagrado por colaboradoras que se mostram interessadas a investigar a própria prática, elegendo desse modo um problema que as afetam no exercício profissional. O GPFCE constituído pelo formador, professor-assessor, e colaboradoras, assumiu posições ativas no tratamento do problema, cada um fazendo uso da autonomia de julgamento, no movimento reflexivo, para tomadas de decisões em colaboração, assumindo na ação os aportes teóricos e as experiências profissionais fomentadas nos encontros formativos.

Nesses encontros foram abordados aspectos inerentes à história pessoal de formação, à experiência acumulada, a relevância do ensinar Ciências nos Anos Iniciais, problemas emergentes das práticas das professoras, inquietações sobre os conteúdos de Ciências e abordagem dos conhecimentos químicos.

Fizemos o planejamento colaborativo de ações direcionadas a resolução dos problemas da prática, observação das ações implementadas com os estudantes e reflexão sobre a ação desenvolvida, num movimento de pensar alternativas para o ensino de Ciências. A seguir apresentamos o design dos encontros formativos.

1º Encontro: Retratos sobre si e sobre o Ensino de Ciências

O objetivo do encontro é conhecer a história de vida e trajetória profissional das professoras, por considerar importante a dimensão pessoal docente na constituição do saber de sua experiência. No primeiro diálogo com as professoras, procuramos ouvir suas histórias que deram encaminhamento pela escolha da docência e que justificavam o movimento delas para os Anos Iniciais.

É possível que nesse direcionamento, ganhe visibilidade também uma autoavaliação, de cada professora-colaboradora, em relação à formação em Ciências, ou seja, a formação inicial vivenciada por eles para atuarem com o ensino de Ciências nos Anos Iniciais, suas concepções e valores acerca desse componente curricular e os conteúdos recorrentes em suas práticas.

Sugerimos que orientem as falas por meio do questionamento: *quando penso no meu percurso de formação inicial, para atuar no Ensino de Ciências nos Anos Iniciais, como o vejo?*

Ao lançar o fio das histórias de vida que encaminharam à formação profissional, e cruzar com as experiências formativas para atuação no ensino de Ciências, podemos direcionar o olhar para as práticas pedagógicas assumidas e desenvolvidas por cada docente. Um questionamento importante nesse contexto formativo é: *por que devemos ensinar ciências nos Anos Iniciais?*

A discussão sobre a formação, concepções sobre a aprendizagem de Ciências pelas crianças e a relevância de ensinar Ciências nos Anos Iniciais a partir dos olhares das professoras, pode se constituir o início de um processo reflexivo que se alinha para o entendimento das ações pedagógicas assumidas no contexto dos primeiros anos escolares.

2º Encontro: Problematizando percepções e concepções sobre o ensino de Ciências

O objetivo do segundo encontro consiste em problematizar percepções e concepções das professoras sobre o Ensino de Ciências, manifestadas no primeiro encontro de formação. O objetivo da continuidade das discussões levantadas no primeiro encontro é sensibilizar os professores a refletir sistematicamente o questionamento sobre o porquê ensinar Ciências.

Se houver necessidade de aprofundamento do debate, recomendamos a leitura do texto O ensino de ciências nos anos iniciais e a formação de professores polivalentes[8]. O referido texto é um dos capítulos que compõem a dissertação intitulada formação docente em contexto: processos de investigação-ação sobre a inserção do conhecimento químico nos Anos Iniciais (CASTRO, 2019) e apresenta discussões teóricas sobre alfabetização científica, seus objetivos e relevância nos Anos Iniciais.

É importante conduzir as discussões na direção de um olhar mais sensível do grupo para possibilidades que o ensino de Ciências enseja no cenário dos Anos Iniciais, o que pode alcançar nos professores a necessidade de oxigenar suas práticas de ensino de Ciências com novas metodologias, voltadas não para somente para o conteúdo em si, mas para construir com o estudante o desejo de aprender, participar das aulas, tomar consciência de que o conhecimento é resultado de trocas e que ele é parte fundamental desse processo. A aprendizagem, pensada sob essa perspectiva, contribui para formar a professora crítica, autora de sua docência e com interesse pela própria alfabetização científica e de seus estudantes, apresentando possibilidades para aprender e ensinar Ciências.

É importante também que documentos oficiais tais como a BNCC (2017) e os currículos estaduais e municipais sejam discutidos, não como determinantes, mas sim como orientadores do processo formativo.

Caso o grupo de professores observe essa necessidade, o próximo encontro de formação continuada pode ser orientado para socialização e reflexão de abordagens de ensino de Ciências nos Anos Iniciais, por exemplo, o ensino por investigação, o ensino por pesquisa, a interdisciplinaridade. O critério de escolha das abordagens de ensino deve ir ao encontro das ideias e necessidades do GPFCE.

Caso o grupo opte pelo ensino por investigação, sugerimos investir na leitura e discussão de pesquisas como Carvalho (2013) e Sasseron e Carvalho (2008) que defendem essa abordagem para os Anos Iniciais. O ensino por investigação deriva de abordagens psicológicas e seu desenvolvimento pode impactar positivamente na aprendizagem das crianças, não somente de

---

8   Disponível no link http://repositorio.ufpa.br/jspui/handle/2011/12434

conceitos, mas também atitudes e procedimentos relacionados aos componentes da área de Ciências.

3º Encontro: Ensino Por Investigação: produção de conhecimento na coletividade

Com a escolha, por exemplo, do ensino por investigação, é importante que o objetivo do terceiro encontro seja orientado para as possibilidades do ensino por investigação no âmbito da escola básica. Nesses termos, recomendamos iniciar esse terceiro encontro discutindo o texto intitulado "ensino de Ciências e a proposição de sequências de ensino investigativo"[9]. O referido artigo trata do modelo de ensino de Ciências por investigação como alternativa de ampliação da cultura científica do estudante.

No decorrer da discussão acerca do texto, os colaboradores poderão pontuar suas ideias acerca do ensino por investigação e, nesse movimento, tomarão ciência que nesse cenário os alunos assumem o lugar de protagonistas em busca de soluções para um problema. O debate também pode ser direcionado para a perspectiva de que o ensino por investigação tem como meta desenvolver o interesse dos estudantes pela investigação e discussão sobre fenômenos diversos, para os quais a linguagem e formas de pensamento das Ciências trazem contribuições para seu entendimento.

Nesse encontro, ao estudarem coletivamente o ensino por investigação, é possível chegar à conclusão de que é uma abordagem de ensino envolvente e significativa aos estudantes, já que a ideia central dela nos Anos Iniciais é fazer com as crianças se apropriem do conhecimento científico de maneira mais ativa. Por outro lado, consideramos importante destacar que o ensino por investigação preza pela participação dos estudantes, ou seja, para além do cumprimento de etapas metodológicas, é uma abordagem voltada para atingir o interesse e a motivação dos estudantes nas aulas com vistas à alfabetização científica.

---

9 Disponível no link https://edisciplinas.usp.br/pluginfile.php/2670273/mod_resource/content/1/Texto%206_Carvalho_2012_O%20ensino%20de%20ci%C3%AAncias%20e%20a%20proposi%C3%A7%C3%A3o%20de%20sequ%C3%AAncias%20de%20ensino%20investigativas.pdf

4º Encontro: Apresentando a metodologia da Investigação-ação

O objetivo desse encontro é conhecer e discutir coletivamente "questões emergentes" advindas da ação docente das colaboradoras. A partir disso, o grupo necessita centrar as discussões no ensino de Ciências assumido por cada colaborador, nos primeiros anos de escolarização e, dessa forma, trazer à tona problemas emergentes e silenciados em suas práticas, que abrirão espaço para o confronto e dialogicidade entre pares na busca de entendimentos às questões desafiadoras.

Nesse movimento as professoras irão expor ao grupo os problemas desafiantes de sua docência. É necessário enfatizar que a finalidade desse encontro é ouvir de cada colaboradora um problema vivido em suas ações no ensino de Ciências e que por sua relevância exija soluções práticas e teóricas, assentadas na racionalidade prática do processo. Não se trata de um ciclo fechado, mas o percorrer de um caminho formativo que se propõe a oportunizar novos olhares sobre a docência em Ciências.

No momento seguinte à apresentação dos problemas pelo grupo, explore as impressões dos participantes sobre a situação desafiante oriunda da prática. É indispensável que cada colaborador compartilhe com grupo o porquê identificou aquela situação como uma questão-problema da prática, ou seja, por que querem pesquisar esse problema? O sentido desse questionamento é de observar, por meio das narrativas orais dos professores, a delimitação do problema.

Nesse cenário, entendemos como indispensável a apropriação, por parte das colaboradoras, acerca da fundamentação do modelo de formação pelo qual estão trilhando, o método da investigação-ação. Para isso, sugerimos que se apresente nesse encontro o artigo "A investigação-ação na formação continuada de professores de ciências" (ROSA e SCHNETZLER, 2003). O referido texto focaliza um percurso formativo por meio da investigação-ação na qual um grupo de professoras/pesquisadoras assumiu a própria prática como referência para o desenvolvimento de diferentes níveis de investigação educativa para o ensino de Ciências.

Deve-se estabelecer espaço e tempo para que os participantes entrem em contato com o texto em questão. Após a leitura individualizada e inferências sobre o artigo, o grupo deve ser incentivado a socializar reflexões e dúvidas acerca do estudo realizado e da metodologia de formação. A socialização

Investigação-Ação na Escola: um guia didático para formação contínua de professoras...

possibilita ao GPFCE conhecer o processo da investigação-ação e sua possibilidade de inserção no cenário do ensino de Ciências nos Anos Iniciais.

As discussões poderão ser orientadas também a partir das ideias de Elliot (1990), Carr e Kemis (1998) e outras referências, como possibilidade de se construir entendimentos da investigação - ação como processo complexo, comprometido com o contexto escolar e social. A meta desse processo é dar vazão à reflexão sobre situações - problema que emergem das ações pedagógicas, abrindo espaço para o diálogo coletivo e para cultura de colaboração na profissão. A proposta é que professoras e professores olhem para o problema, sinalizado por cada colaborador e, a partir de uma perspectiva dialético-reflexiva, construam, por meio de experiências e práticas, conhecimentos que alimentem a ação pedagógica no ensinar Ciências.

As colaboradoras poderão fortalecer o trabalho conjunto no ambiente escolar e fomentar um espaço de diálogo pela reflexão e construir significados ao fazer e ser no ensino de Ciências. Ao assumir a investigação-ação, como um ciclo de idas e vindas ao problema identificado, as colaboradoras firmarão o compromisso de que, apesar dos problemas partirem de angústias e percepções individuais, o planejamento das intervenções, observações e reflexões, partiriam das discussões construídas na parceria colaborativa. Deste modo, é incomodando a rotina, revisitando os planos de aula, que se proporcionará vivências que oportunizarão aos professores envolvidos analisarem criticamente o processo de ensino aprendizagem, o currículo, métodos de ensino que desenvolvem, de modo a tomarem consciência sobre a pertinência de cada um.

5º Encontro: Elaboração de proposta de intervenção de ensino

O objetivo desse encontro é elaborar estratégias de intervenção para o tratamento do problema identificado no quarto encontro. Para auxiliar a desenvolver esse momento, narramos a experiência com uma professora do 4º Ano do Ensino Fundamental. Desse modo, ao ouvir e refletir com a professora acerca do problema sinalizado por ela, elaboramos ações viabilizadoras para prática docente no ensino de Ciências. Nos dispusemos a estudar o problema sinalizado pela professora: "Como desenvolver experiências químicas de baixo custo no ensino de Ciências?"

À medida que refletíamos sobre o problema sinalizado pela docente na projeção de ações que iam ao seu encontro, mais cientes nos tornávamos de que aquela questão se ramificava para duas extremidades: a experimentação e a abordagem de conhecimentos químicos nos Anos Iniciais.

No sentido de dar suporte teórico à discussão do problema, apresentamos à professora o artigo "Experimentação no Ensino de Química" (GONÇALVES E COMARÚ, 2017) que aborda a temática do experimento como recurso didático, que por sua pertinência ao processo de alfabetização científica, viabiliza no ensino de Ciências, desde os Anos Iniciais, um fortalecimento da relação teórico-prática. O texto defende uma experimentação crítica, desenvolvida na perspectiva da investigação. Para isso, toma como base o cotidiano dos estudantes e os problemas reais vivenciados por eles, que os desafiam e motivam para uma aprendizagem significativa. Sobre isso, compartilhamos por meio da reflexão coletiva do artigo, que a coerência das atividades experimentais como alternativa que se associa à aprendizagem, também é prudente ao ensino de Química em qualquer nível de ensino.

No sentido de viabilizar encaminhamentos colaborativos rumo ao tratamento prático, por mudanças ao problema, "Como desenvolver experiências químicas de baixo custo no Ensino de Ciências?", sinalizado pela colaboradora Ana, congregamos esforços para juntos construirmos um planejamento articulado à experimentação e conhecimentos químicos para intervenção no ensino de Ciências.

Para elaborar a proposta de intervenção, a professora se respaldou em sua própria experiência profissional, nas discussões teóricas realizadas no GPFCE, na BNCC e no currículo do município. Ao iniciar o esboço de seu planejamento, a professora sinalizou também o anseio de desenvolver o ensino de Ciências articulado ao ensino da Língua portuguesa. Ela compartilhava da ideia de um processo de ensino e aprendizagem de Ciências, contextualizado e integrado a outras áreas curriculares, por sua relevância ao processo formativo, o que exigia constante reflexão e o enfrentamento de desafios.

Nessa oportunidade, a professora inspirada pelos livros de Ciências, de Língua Portuguesa, disponíveis na escola, além de cadernos de anotações, foi compartilhando suas ideias e conhecimentos com o grupo. Por meio de seu planejamento, ela apresentou como instrumento de articulação, das diferentes atividades que seriam desenvolvidas com estudantes do 4º ano, uma sequência de ensino. A proposta, com objetivos educativos definidos, seria apresentada aos estudantes correlativamente, ou seja, as atividades potencializariam umas às outras.

Na organização das atividades de Ciências, a docente mostrou interesse em apresentar aos alunos o objeto do conhecimento "Transformações químicas e o processo de enferrujamento". A professora, nesse primeiro momento, planejou 6 aulas para o tratamento da temática com a turma. Para a primeira aula ela definiu que abordaria conceitos iniciais sobre a ideia de transformação.

Para as aulas seguintes a professora planejou cinco encontros com o intuito de desenvolver a temática "Investigação do processo de enferrujamento". O objetivo das aulas foi de construir juntamente com os estudantes conhecimentos científicos sobre processo de ferrugem. A professora planejou para esses encontros a observação investigativa acerca do processo de ferrugem, na qual articulou nas aulas conteúdos de Língua Materna e Ciências.

O assessor solicitou que a professora apresentasse ao grupo sua proposta didática para o tratamento da situação problema em questão. Após a apresentação das atividades, conteúdos, objetivos da aprendizagem e etapas que compõem sua sequência de ensino, o grupo investiu novas contribuições para o planejamento desenvolvido.

6º Encontro: Reflexão sobre a ação prática em sala de aula "da observação à reflexão"

O 6º Encontro de formação continuada teve como foco dar voz às narrativas da professora sobre sua ação pedagógica. Desse modo, o 6º encontro se desdobrou em quatro reuniões presenciais, respectivamente A, B, C e D. No 6º encontro A passamos a ouvir as narrativas das observações que a professora trouxe de sua ação em sala de aula com alunos do quarto ano do Ensino Fundamental, acerca do objeto de conhecimento "transformações químicas e o processo de enferrujamento". A professora seguindo as proposições do modelo da investigação-ação relatou ao GPFCE suas percepções no decorrer da aula 1. A professora ressaltou que planejou a aula 1 em quatro momentos.

No **primeiro momento** ela relatou que deu início a aula com uma roda de conversa, a partir da indagação sobre o que os estudantes compreendiam acerca do termo transformação. As respostas deles foram registradas no quadro. Em seguida, a professora apresentou um vídeo que abordou a temática em estudo. A professora solicitou aos estudantes que falassem sobre as transformações presentes no vídeo e registrou novamente suas respostas no quadro.

No **segundo momento** da aula, a professora exercitou com os alunos um ditado com correção coletiva, sobre termos da linguagem científica abordados no vídeo. No **terceiro momento,** a docente conduziu os alunos para o desenvolvimento de dois experimentos, em que os estudantes deveriam observar e registrar o derretimento de cubos de gelo e a dissolução em água de um comprimido efervescente. A intenção dos experimentos, segundo a docente, foi de criar um ambiente favorável à experimentação, em que os estudantes poderiam explorar aspectos que caracterizam uma transformação, a partir do contato com os fenômenos. Adicionalmente, o assessor acrescentou que a professora poderia abordar, de modo intencional, em um experimento posterior, a definição do sistema inicial e final, com destaque para a importância do registro das observações, por escrito ou em forma de desenho, de aspectos perceptíveis para identificação da ocorrência das transformações.

No **quarto momento,** a professora apresentou aos estudantes uma atividade de fixação mediante uma charge, por meio dela, a professora visou avaliar conhecimentos construídos no decorrer daquela primeira aula.

A professora partilhou com o assessor que vivenciou momentos de tensão nesta primeira etapa da sequência proposta. Ela relatou que durante a aula foi questionada pelos estudantes sobre alguns termos científicos que compareceram na apresentação do vídeo e na atividade prática desenvolvida, como por exemplo, *o que é um gás? o que é reagente? O que é química? O que são essas bolhas? De onde vem esse gás carbônico? Por que ele é um produto?*

Ela comentou que no desenvolvimento de sua ação, por meio da atividade prática, fomentava construir conhecimentos científicos fazendo uso da linguagem científica e abordando a identificação das transformações. Nesse processo, a docente observou a emergência de novas informações, expressas pelas perguntas e comentários feitos pelos estudantes, o que demonstrou a relevância da experimentação para a aprendizagem sobre a temática em foco.

Um aspecto que orientou a ação da professora no tratamento do problema foi reconhecer que precisava parar e ouvir as dificuldades que se apresentavam no processo de ensino e aprendizagem, refletir na prática e agir sobre ela. Seu relato foi encaminhando o processo de reflexão sobre a ação, nele o GPFCE trouxe novos olhares à atividade desenvolvida pela professora.

A docente reconheceu, então, neste 6º encontro, que os conceitos científicos não precisavam ser completamente vencidos e elaborados pelos estudantes do quarto ano. Passamos a compartilhar a necessidade de refletir conjuntamente os conceitos e ideias que precisavam ser trabalhados com eles. Desse modo, a professora sugeriu reformular seu planejamento inserindo mais uma aula para a produção de um glossário, cujo objetivo foi de ampliar a compreensão acerca dos termos novos da linguagem científica, que estavam circulando nas rodas de conversa e discussões sobre os experimentos.

No 6º Encontro B, não houve disponibilidade das demais colaboradoras do GPFCE, tendo a participação do assessor e da professora colaboradora, que relatou a ação implementada no replanejamento. A professora relatou que a inserção da estratégia viabilizou identificar os termos científicos que os estudantes tinham mais dificuldade em relação ao seu significado, possibilitando também o trabalho na grafia dessas palavras nos registros deles.

No 6º Encontro C e D a professora colaboradora compartilhou com o grupo as observações das cinco aulas planejadas e desenvolvidas com a turma do 4º ano, para o tratamento da temática "Investigação do processo de enferrujamento". Neste sentido, definimos juntos que no 6º Encontro C iríamos refletir sobre a primeira e segunda aula desenvolvida pela docente e no 6º Encontro D, a professora apresentaria o relato e sua reflexão sobre as últimas três aulas.

No 6º Encontro C a professora relatou que buscou conhecer, por meio de uma roda de conversa, os conhecimentos prévios que os alunos possuíam acerca da temática, para tanto ela destaca que lançou a eles o seguinte questionamento: *por que os objetos de ferro enferrujam?*. Na ocasião, a colaboradora comentou que pediu aos estudantes que registrassem em seus cadernos suas respostas ao questionamento. Em seguida, ela solicitou que cada estudante comunicasse seu registro para a turma.

Também foram relatadas, neste encontro, as observações da docente sobre a segunda aula desenvolvida por ela. A professora relatou ao grupo que desenvolveu uma atividade que definiu como investigativa, estabelecendo com os alunos regras e combinados para acompanhamento dela.

Segundo a professora, foi acordado que os estudantes se agrupariam para observação da atividade prática e realizariam registros, escritos e orais, sobre o experimento proposto acerca da formação da ferrugem. Para isso, os estudantes observaram, durante seis dias, três sistemas contendo: (a) palha de aço totalmente imersa em água, (b) palha de aço parcialmente imersa em água e (c) somente a palha de aço. Por meio desse encontro com a professora, o GPFCE apontou como necessário para a próxima aula, elaborar alguns questionamentos, a serem levantados pela docente no decorrer da atividade investigativa. O grupo sugeriu que os estudantes fossem questionados sobre que mudanças eles observaram nos materiais presentes nos frascos e porque tais mudanças estavam ocorrendo. Ressaltamos também que todas as hipóteses levantadas pelos alunos deveriam ser registradas pelos integrantes do grupo, em uma ficha de relatório. Além disso, realizamos, neste encontro, estudos teóricos para o tratamento de conceitos científicos acerca da temática que a professora estava trabalhando.

No 6º Encontro D a professora trouxe o relato das aulas 3 a 5, planejadas para o tratamento da temática. Com relação à aula 3, a docente destacou que propôs um passeio pela escola a fim de registrar possíveis focos de alterações em metais expostos à ação do tempo. As observações foram registradas em uma ficha, destacando os objetos afetados (grades, cadeiras, armários etc.) e as alterações neles. Na aula 4, a professora promoveu uma roda de conversa com objetivo de discutir o texto "Por que Alguns Objetos Enferrujam?"[10]. Seguindo, apresentou aos alunos o vídeo "Casos da química - De que é constituída a ferrugem"[11], aprofundando o entendimento sobre o porquê os objetos oxidam. No final, os grupos retomaram os experimentos, cada integrante do grupo descreveu, segundo a professora, as variações ocorridas nos sistemas após 72h.

Ainda no 6º Encontro D, o assessor e a professora colaboradora discutiram sobre as informações experienciadas pelos alunos ao vivenciarem a prática investigativa. Compartilhamos a leitura das escritas dos relatórios elaborados pelos grupos sobre as percepções deles acerca das alterações que ocorreram na palha de aço.

Nestes encontros a professora expôs seus anseios, dúvidas, conhecimentos e, no confronto com novos aportes teóricos questionava e problematizava a própria prática, reconhecendo a necessidade pessoal de investir em pesquisas

---

10   Texto de apoio extraído da Revista Ciência Hoje das Crianças (Por que alguns objetos enferrujam?).

11   Refere-se ao vídeo que investiga o processo de enferrujamento. Disponível em (https://www.youtube.com/watch?v=7BAAiPdOqBQ)

sobre ela. Assim, para fomentar novas possibilidades em sua docência, ela recorria ao GPFCE sempre que se via diante de novo obstáculo e problematizava também as sugestões que recebia dele. Um processo coletivo que a tornava mais segura para fundamentar e estabelecer relações entre suas ideias e a superação do problema sinalizado.

Neste movimento de ressignificação, o processo investigação-ação possibilitou no cenário dos Anos Iniciais, redimensionar as intervenções didático-pedagógicas no ensino de Ciências, por meio do planejamento e replanejamento que conduziram a uma ação deliberada no tratamento de um problema da prática da professora. O contato da professora com os quadros teóricos, promovidos em debates reflexivos, contribuiu para ampliar sua visão na direção de implementação de novas metodologias assumidas na rotina do ensino de Ciências.

O Método da investigação-ação possibilitou à professora dos Anos Iniciais explorar a própria prática pela pesquisa, como instrumento de formação profissional, ao analisar o ensino de Ciências no contexto real das aulas. Ao observar as evidências que emergiam da pesquisa, elaborou conhecimentos, tomando consciência de suas ações num movimento emancipatório e significativo de sua prática docente.

Considerações Finais

Neste capítulo objetivamos relatar e discutir uma proposta de formação continuada de professoras e professores que ensinam Ciências nos Anos Iniciais. Para isso, trazemos um itinerário de formação, fundamentado na investigação – ação e apresentado como produto educacional no formato de um guia didático. Tal guia é voltado para professoras e professores que ensinam Ciências nos Anos Iniciais, com interesse na constituição de um grupo de práticas de formação contínua na escola.

Entendemos que o produto educacional proposto é de caráter inovador em relação à práticas de formação baseadas na racionalidade técnica. Isso porque apresenta um modelo formativo que prioriza a identidade e a experiência, de docentes dos Anos Iniciais, em constante diálogo com o aporte teórico da área de ensino. Esse produto conferiu à pesquisa de uma professora, em seu contexto de atuação, um tom de leveza e um maior comprometimento docente, na medida em que foi um convite à colaboradora envolvida a refletir sobre sua própria experiência e necessidades no ensino de Ciências, num contexto de trocas e de estudos dinâmicos. Configurou-se como possibilidade de aprimoramento profissional, que visa superar a instrumentalização, o distanciamento entre as produções acadêmicas e a escola, a partir da reflexão constante sobre a própria prática, valorizando os saberes mobilizados no contexto das aulas de Ciências.

Frisamos que o produto foi disponibilizado à rede de Educação Municipal de Ananindeua e socializado por meio de jornadas pedagógicas em outras escolas. Podemos considerar o produto educacional em foco como caminho desejável à pesquisa sobre a própria prática, já que possibilita que a formação docente ocorra no convívio e colaboração entre pares. Essa relação estabelece tomadas de decisão frente a questões desafiadoras que exigem um processo de reflexão e de intervenção, cujo objetivo é possibilitar à realidade educativa novos olhares comprometidos com o seu entendimento e transformação.

Referências

BRASIL. Ministério da Educação. Secretaria da Educação Básica. **Fundamentos pedagógicos e estrutura geral da BNCC**. Brasília, DF, 2017. Disponível em: http://portal.mec.gov.br/index.php?option=com_docman&view=download&alias=56621-bnccapresentacao-fundamentos-pedagogicos-estrutura

CARR, W. ; KEMMIS, S. **Teoria Crítica de la enseñanza – la investigación-acción em la formacióndel profesorado**. Barcelona: Martinez Rocca. 1988.

CARVALHO, A. M. P.. **Ensino de Ciências e a proposição de sequências de ensino investigativas**. In: Anna Maria Pessoa de Carvalho. (Org.). Ensino de Ciências por Investigação. 1ed.São Paulo: Cengage Learning, 2013, v. 1, p. 1-20.

CASTRO, E. B. **Formação docente em contexto: processos de investigação-ação sobre a abordagem de conhecimento químico nos anos iniciais. Orientador**: Prof. Dr. Wilton Rabelo Pessoa. 2018. 154 f. Dissertação (Mestrado Profissional em Docência em Educação em Ciências e Matemáticas) - Programa de Pós-Graduação em Educação em Ciências e Matemáticas, Instituto de Educação Matemática e Científica, Universidade Federal do Pará, Belém, 2018. Disponível em: http://repositorio.ufpa.br:8080/jspui/handle/2011/12434.

ELLIOTT, J. **La investigación – acción en educación**. Espanha: Morata, 1990.

GONÇALVES, N.T. L.P.; COMARÚ, M.W. Experimentação no Ensino de Química. In. KAUARK, F.S.; COMARÚ, M.W (Org). **Ensinando a Ensinar Ciências: reflexões para docentes em formação**. Vitória, Ed. Edifes, 2017.

SASSERON, A.M.P. CARVALHO. Almejando a alfabetização científica no ensino fundamental: A proposição e a procura de indicadores do processo. **Investigações em Ensino de Ciências**. (UFRGS), v.13, p.333-352, 2008.

SCHNETZLER, Roseli Pacheco; ROSA, Maria Inês F P S ; **A investigação-ação na formação continuada de professores de ciências**. Ciência e Educação (UNESP. Impresso), Bauru, v. 9, n.1, p. 27-39, 2003.

A Autoformação Reconfigurando a Educação Ambiental e o Ensino de Ciências

Maurenn Cristianne Araújo Nascimento
Terezinha Valim Oliver Gonçalves

Este artigo expressa resultados de uma pesquisa de natureza qualitativa, na modalidade narrativa. Foram investigadas experiências autoformativas entre iguais na escola referência em educação ambiental, na qual trabalhamos como professores, na Ilha de Cotijuba em Belém do Pará.

Buscamos investigar a partir desta pesquisa em que termos nós (pesquisadoras e três professores colaboradores da pesquisa), elaboramos saberes e conhecimentos no âmbito das Ciências Naturais e da Educação Ambiental na referida escola.

Por meio da Análise Textual Discursiva (MORAES E GALIAZZI, 2007), utilizada para analisar os textos de campo, emergiram as categorias FORMAÇÃO EM CONTEXTO ENTRE IGUAIS: em busca de novos sentidos para a Educação Ambiental e o ensino de ciências em uma comunidade de prática formativa; e ii) EDUCAÇÃO AMBIENTAL CRÍTICA E ENSINO DE CIÊNCIAS CIDADÃO: possibilidades para a renovação do ensino.

Os resultados desta pesquisa trazem a compreensão de que nossas experiências de autoformação, vivenciadas ao longo do processo formativo investigativo, nos levaram a ver e vivenciar a formação continuada como processo de reelaboração de sentidos, durante o qual os professores puderam exercer maior autonomia e responsabilidade em relação a sua própria formação, além de adquirir também nesse processo maior consciência de seu trabalho docente.

A partir do compartilhamento de experiências de docência e de formação, incluindo discussões teóricas realizadas durante os encontros formativos de nossa comunidade de prática docente, surgem evidências, princípios teóricos, metodológicos, epistemológicos, construídos por nós ao longo dos processos auto formativos entre iguais. Estudamos e discutimos sobre Educação

Ambiental Crítica e Educação CTS: perspectivas interdisciplinares para a formação cidadã; Temas socio científicos: valorizando a identidade cultural para a revisão curricular no ensino de Ciências e Educação ambiental; Narrativas socio científicas e interações discursivas: contribuições para a alfabetização científica e alfabetização da língua materna.

Baseadas nas discussões e aprendizagens entre iguais, elaboramos um vídeo que compôs um produto educacional para a formação continuada de professores no âmbito da educação ambiental e o ensino de ciências. Nesse produto, destacamos os processos auto formativos desenvolvidos no contexto de uma pesquisa-formação (JOSSO, 2004) e os respectivos princípios teórico--metodológicos sobre o ensino de Ciências/Educação Ambiental, construídos pelo nosso grupo de professores, a fim de contribuir com nova/outra perspectiva para a formação de professores, a saber, a autoformação em contextos colaborativos entre iguais, conforme aponta Imbérnon (2016).Descrever e contextualizar a elaboração deste produto educacional e sua importância para o Ensino de Ciências no âmbito da Educação ambiental é o objetivo deste artigo.

Princípios Teórico-Metodológicos Construídos em Processos Autoformativos entre Iguais

Inspirando-nos na tridimensionalidade da pesquisa narrativa, conforme propõem Clandinin e Connelly (2011), o vídeo produzido entrelaça as três dimensões temporais – passado, presente e futuro. Tais dimensões potencializaram, dentre outros aspectos: i) retrospectiva sobre experiências docentes coletivas com alunos, professores e funcionários de apoio na escola em que trabalhamos; ii) reflexão sobre as experiências de formação e aprendizagem durante os encontros de formação com os professores colaboradores da pesquisa em desenvolvimento; iii) reflexão sobre as próprias aprendizagens na condição de professores de ciências e ao vivenciar processos de autoformação, projetando mudanças na própria realidade profissional.

Deste modo, procuramos construir significados sobre o Ensino de Ciências e a Educação Ambiental e sobre o que significa ser professor que ensina tais disciplinas, a partir dos pontos de vista e experiências dos sujeitos aprendentes, no caso, nós professores, que realizamos este ensino, e dos referenciais teóricos que estudamos nos encontros de autoformação. Construímos, também, ideias sobre formação continuada de professores, na perspectiva da autoformação, as quais são discutidas a partir dos referidos princípios teóricos metodológicos construídos coletivamente e analisados nas subseções a seguir.

Educação Ambiental Crítica e Educação CTS: perspectivas interdisciplinares para a formação cidadã

Nos últimos anos, tem estado em evidência no palco das discussões sobre educação e ensino, a grave crise socioambiental do mundo pós-moderno, tal como preconizam autores, como Morin (1999), Guimarães (2012), Loureiro (2014), Leff (2010), dentre outros.

A discussão ambiental atenta para dimensões tão diversas e complexas, que precisa de um olhar multirreferencial para melhor compreensão da complexidade dos processos sociais que a envolvem. O ensino, nesse sentido, precisa ter um compromisso social e ser capaz de intervir positivamente na vida do cidadão. A professora colaboradora Márcia, se expressa nos seguintes termos a esse respeito:

> O que eu ensino e para que eu ensino? São duas questões fundamentais que a gente tem que pensar em relação ao ensino de ciências e às demais áreas do conhecimento. Para que vai servir isso, em que vai mudar a vida deles, no que isso vai auxiliá-los a serem pessoas conscientes, pessoas melhores, o que isso vai influenciar a realidade deles, porque se a escola através dos conteúdos, do que o aluno tenha que aprender, não servir para interferir na vida deles, na realidade deles, na comunidade deles [...] (PROFESSORA MÁRCIA).

A professora Márcia expressa preocupação com o ensino que realiza, refletindo sobre a necessidade de o ensino de ciências interferir na vida dos estudantes, na realidade deles, na comunidade deles. Parece se referir a um ensino que não se limita à informação, mas à formação cidadã dos estudantes, como defende Chassot (1998). Esta nova concepção sobre o ensino de Ciências e Educação Ambiental precisa, necessariamente, considerar as questões sociopolíticas, preparando o cidadão para tomada de decisão responsável, que implique em mudanças sociais efetivas, inclusive em suas condições materiais, pois, como alerta Mortimer (2002):

> Temos autênticos problemas de pesquisa que são exclusivamente nossos, emergem de nossas condições sociais, econômicas e culturais [...]. Não mudaremos o Brasil se não tentarmos mudar a cultura de uma comunidade por meio das ações da escola, se não integrarmos de alguma forma a escola e a comunidade (MORTIMER, 2002, p.29).

Debater valores e conceitos relativos à Educação ambiental, na perspectiva apontada acima, não é possível adotando o modelo de Educação Ambiental conservadora, baseada no cientificismo cartesiano e no antropocentrismo, os quais compreendem sociedade e natureza como dimensões separadas, onde a primeira domina e subjuga a segunda. Em contraposição a este modelo, surge a Educação Ambiental Crítica, a qual:

> Traz a complexidade para a compreensão e intervenção na realidade socioambiental que, ao contrário da anterior que disjunta e vê o conflito como algo a ser cassado porque cria a desordem social (complexifica a realidade), na perspectiva crítica, o conflito, as relações de poder são fundantes na construção de sentidos, na organização espacial em suas múltiplas determinações (GUIMARÃES, 2004, p. 28).

Construir novos sentidos para a Educação Ambiental é algo que deve necessariamente incluir todos os profissionais da escola, daí a importância em formar permanentemente não apenas os professores, mas também os outros atores da escola. Como expressa o professor Sebastião: "falta à escola educar a gente mesmo, o porteiro, os professores [...]. As crianças vão ao banheiro e não lavam as mãos, não tem onde enxugar também as mãos, não tem nem sabão, tem situações que são complicadas".

Sem dar orientação e suporte teórico para todos os profissionais que realizam o processo educativo, em suas mais variadas dimensões, a fim de que consigam refletir criticamente sobre tais questões; sem possibilitarmos que a construção desses conhecimentos também os atinja, dificilmente conseguiremos ações realmente transformadoras no âmbito da Educação Ambiental. O projeto de uma Educação Ambiental Crítica e um Ensino de Ciências cidadão, portanto, deve estar contido no Projeto Político Pedagógico da escola, construído com a participação dos vários sujeitos da instituição, e deve ser necessariamente um projeto interdisciplinar, como defendido pelo professor João:

> [...] eu me identifico mais em falar sobre interdisciplinaridade. É que o Mauro Guimarães ele vai falar que uma disciplina específica ela acaba mostrando um único caminho e ela faz com que o aluno não consiga perceber de forma expandida o que é o processo de educação ambiental. (PROFESSOR JOÃO).

Em razão do necessário envolvimento e engajamento de todos os incluídos no processo educativo num projeto desta natureza, o que foi consenso em nossas discussões, destacamos a importância do processo de construção coletiva que deve acontecer pela conquista, negociação e esclarecimento, e nunca pela imposição, como bem descreve Fazenda (2011), sobre a natureza de um projeto interdisciplinar na escola:

> Precisa ser um projeto que não oriente apenas para o produzir, mas que surja espontaneamente, no suceder diário da vida, de um ato de vontade. Nesse sentido, ele nunca poderá ser imposto, mas deverá surgir de uma proposição, de um ato de vontade frente a um projeto que procura conhecer melhor (FAZENDA, 2011, p. 17).

A perspectiva crítica de Educação Ambiental, portanto, não está baseada em ações pontuais e paliativas, antes é um movimento contra hegemônico, que perpassa também pela escola, mas que deve ser crescente, envolvendo as várias categorias de participantes da escola e alcançando as demais instâncias sociais, pois, só assim, talvez seja possível reverter ou atenuar os efeitos da crise socioambiental e produzir mudanças sociais, de fato efetivas.

Consideramos que existe uma relação direta entre determinados modelos científicos e as perspectivas adotadas para ensinar Ciências nas escolas, bem como o desenvolvimento de propostas de Educação Ambiental com abordagens voltadas para a formação cidadã, comprometidas com uma sociedade mais justa e democrática, pois:

> [...] para que os cidadãos possam discutir e se engajar no enfrentamento dos desafios socioambientais, precisam estar cientificamente letrados e politicamente conscientes. Tal enfrentamento depende

da luta pela formulação de ciências e culturas engajadas no processo de construção de um modelo de sociedade democrática, ecológica e socialmente sustentável (LOUREIRO, LIMA, 2009, p. 89)

A Educação Ambiental Crítica, portanto, é coerente com perspectivas mais humanas e democráticas da Ciência, e com o postulado de uma Ciência para todos, que é um dos principais desafios para o ensino de Ciências na atualidade, o qual "[...] distinguindo-se de um ensino voltado predominantemente para formar cientistas, que não só direcionou o ensino de Ciências, mas ainda é fortemente presente nele, hoje é imperativo ter como pressuposto a meta de uma ciência para todos" (DELIZOICOV; ANGOTTI; PERNAMBUCO, 2011, p.34).

A perspectiva da Educação Ambiental Crítica vinculada à educação em ciências, revela-se uma excelente alternativa para o trabalho docente mais eficaz no sentido da religação de saberes em prol da formação cidadã dos alunos, pois:

> Acreditamos no potencial representado pela penetração da perspectiva crítica da Educação Ambiental na educação em ciências, no sentido de fazer com que esta tenha, como objetivo central, preparar os alunos para o exercício de uma cidadania caracterizada pela abordagem dos conteúdos científicos no seu contexto socioambiental (LOUREIRO; LIMA, 2009, p. 98).

Abordagens que conseguem promover o diálogo entre Ciência, Tecnologia, Sociedade e Meio ambiente, contextualizando temas sociais do cotidiano dos alunos e incluindo tais aspectos, parecem muito pertinentes para a formação cidadã dos estudantes, visto que:

> Os currículos de ciências de vários países têm sido organizados em uma abordagem interdisciplinar, na qual a ciência é estudada de maneira interrelacionada com a tecnologia e a sociedade. Tais currículos têm sido denominados de CTS, Ciência, Tecnologia e Sociedade. A principal função desses projetos curriculares é preparar os cidadãos para tomarem decisões significativas em ciência e tecnologia que possam contribuir para uma sociedade melhor (SANTOS; SCHNETZLER, 1998, p.263).

A Autoformação Reconfigurando a Educação Ambiental e o Ensino de Ciências

A Educação CTS possui em si infindáveis possibilidades para discutir questões socioambientais, de caráter científico e tecnológico, como defende Loureiro:

> As ações dos cursos CTS acabam por incorporar, direta ou indiretamente, os ideais curriculares e as premissas da Educação Ambiental preconizadas nos documentos oficiais e na Política Nacional de Educação Ambiental (PNEA), tais como ambiente enquanto totalidade, reconhecimento da origem social dos problemas ambientais, vinculação entre ética, trabalho e prática social, caráter crítico e político da prática educativa, etc. (LOUREIRO, 2009, p. 92).

Dentre as várias contribuições da Educação CTS, destacam-se a possibilidade de ruptura com o paradigma antropocêntrico e o estabelecimento de um novo paradigma comprometido com a formação de valores para o exercício da cidadania, o qual deve romper as fronteiras das salas de aula, impregnar os demais espaços e sujeitos da escola, alastrando-se para além dos muros da escola num processo contínuo multi e interdisciplinar. Este é um projeto que "surge às vezes de um (aquele que já possui em si a atitude interdisciplinar) e se contamina para os outros e para o grupo" (FAZENDA, 2011, p.18).

Sobre a importância de projetos interdisciplinares e da inclusão de toda a comunidade escolar nesses projetos, o professor João expressa um episódio no qual relata ter incluído em sua dinâmica docente o funcionário da escola, senhor Alexandre, que é também produtor e vendedor de hortaliças em sua casa nas horas vagas. O professor exemplifica a partir deste episódio a importância de perspectivas interdisciplinares e do trabalho cooperativo com a participação de diferentes categorias e sujeitos da escola, no processo de ensino aprendizagem que nela se desenvolve:

> [...] falei com seu Alexandre, da escola, que tinha uma horta e, de repente, o Alexandre se mostrou um excelente orador. Falou sobre a importância da agricultura familiar, sobre a importância de se cultivar em casa, o que parece uma ironia no capitalismo, que um produtor de verdura, que vende, que tira o seu sustento vendendo na ilha, estimule outras pessoas a serem [produtores]. Então, um possível comprador do produto dele, quando passa a ser produtor, ele deixa de comprar, mas nem por isso ele se furta em estimular

> isso nas crianças, em mostrar que isto é possível, que isto é bom, que isso vai ajudá-los, que isso é importante para a alimentação deles (PROFESSOR JOÃO).

Nesse sentido, consideramos que a Educação CTS representa um modelo interdisciplinar que bem poderia ser adotado em nossa escola, em função da reconstrução do currículo escolar e do estabelecimento de um novo paradigma de ensino e educação. Ainda sobre o compromisso ético para a formação cidadã presente nos currículos CTS, Santos; Mortimer (1998) destacam:

> Não há como formar cidadãos sem desenvolver valores de solidariedade, de fraternidade, de consciência do compromisso social, de reciprocidade, de respeito ao próximo e de generosidade. Se não combatermos o personalismo, o individualismo, o egoísmo, não estaremos transformando cidadãos passivos em cidadãos ativos (SANTOS; SCHNETZLER, 1998, p.261).

Assim como os currículos CTS defendem a formação de valores de cidadania como um movimento contínuo e contagiante nos diversos âmbitos sociais, na tentativa de superar a grave crise socioambiental causada também pelos impactos advindos do mau uso da Ciência e da Tecnologia, a Educação Ambiental Crítica também preconiza, por sua vez, o enfrentamento desta crise ambiental, apoiando-se na ideia de sinergia, pois, segundo Guimarães (2012, p.133) "A intervenção processual em uma realidade socioambiental se dá em um movimento coletivo conjunto, que cria, de forma significativa, pela sinergia, uma resistência "como uma contra correnteza que pode transformar a força e o sentido da correnteza do rio".

A Educação Ambiental Crítica e a perspectiva dos currículos CTS baseados em princípios de um ensino de Ciências cidadão, parecem ser perspectivas epistemológicas coerentes com a Educação Ambiental desejada pelo grupo de professores de nossa escola.

Temas socio científicos: valorizando a identidade cultural para a revisão curricular do ensino de ciências e da Educação Ambiental

O trabalho pedagógico a partir de temas socialmente relevantes é muito pertinente para a aprendizagem de conceitos e valores científicos compatíveis com a formação cidadã e intervenções e mudanças de atitudes mais coerentes por parte dos cidadãos, conforme apontam Santos e Schnetzler (1998).

> Os temas sociais possibilitam a contextualização do conhecimento e o estabelecimento de inter-relações de aspectos multidisciplinares. Assim ao invés de organizar o conteúdo de ciências em torno de capítulos relacionados à Geociência, Zoologia e Botânica, Anatomia humana, estrutura atômica e leis da mecânica clássica, o conteúdo é organizado em torno de temas como: recursos energéticos e minerais, água, poluição, meio ambiente, saúde, alimentação, medicamentos, petróleo, trânsito, lixo etc. (SANTOS; SCHNETZLER, 1998 p.264).

Um Ensino de Ciências que rompe fronteiras por meio de uma relação dialógica com o conhecimento do cotidiano, conforme apontam os autores citados, e uma Educação Ambiental transversal que consiga cumprir bem o seu papel de auxiliar os cidadãos a construir relações de convivência com o meio ambiente e construção de conhecimentos de forma complexa e não simplificadora da realidade, necessita de um conhecimento científico mais democrático, que consiga tornar-se acessível a todos e que transponha seus próprios limites, como defende o Professor Sebastião:

> Eu sempre falo isso na UFPA, na UEPA, que a universidade tem que sair dos muros, ir para as escolas, para as associações, para a igreja, qualquer lugar". Começar a trazer a contribuição dela para que haja conscientização, socialização, discussão, esse momento de interação, debate, teatro, sei lá da maneira que for para as pessoas compreenderem o próprio papel da universidade também (PROFESSOR SEBASTIÃO).

Sebastião parece referir-se ao que Gonçalves (2000) tem denominado de Extensão Escolar, ao trazer para a discussão a Extensão Universitária. De fato, ao sair de seus muros, a Escola pode ensinar muito mais e de maneira muito mais significativa, pois envolverá o estudante para o resto de sua vida com as questões socio científicas de seu contexto ambiental. Santos e Schnetzler (1998) alertam, entretanto, que o trabalho com temas sociais nem sempre incluem questões socio científicas:

> [...] a caracterização dos cursos de CTS não se dá apenas pela inclusão dos referidos temas, mas por uma abordagem que explicite as inter-relações entre ciência, tecnologia e sociedade, evidenciando como a ciência tem influenciado a tecnologia e sociedade, evidenciando como a ciência tem influência na tecnologia e na sociedade, como a tecnologia tem influenciado a ciência e a sociedade e como esta última tem influenciado as demais (SANTOS; SCHNETZLER, 1998, p.264)

Trabalhar com temas socio científicos é, na verdade, discutir valores capazes de contribuir na formação de cidadãos críticos, comprometidos com a sociedade, conforme entendem Santos e Mortimer (2002). Os autores apontam como exemplo o fato de as pessoas lidarem diariamente com dezenas de produtos químicos e terem que tomar decisões a respeito de qual desses produtos devem consumir e como podem fazer isso. Este exemplo, dado pelos autores, aparentemente parece uma simples decisão do dia a dia de um cidadão. No entanto, essa corriqueira decisão da escolha de um produto químico, deveria levar em consideração não apenas a eficiência do produto ou sua qualidade, mas também seus efeitos para a saúde, a repercussão de sua utilização para o meio ambiente, o valor econômico, bem como as questões éticas envolvidas na produção e comercialização desse produto, tais como

> [...] se na sua produção, é usada mão de obra infantil ou se os trabalhadores são explorados de maneira desumana; se em alguma fase, da produção ao descarte, o produto agride o ambiente, se ele é objeto de contrabando ou de outra contravenção etc.". (SANTOS; MORTIMER, 2002, p.5).

Deste modo, entendemos que é de grande relevância o trabalho pedagógico nas escolas considerando temas socio científicos, especialmente em escolas como a nossa que tem como missão principal a Educação ambiental, pois, assim, a escola estará contribuindo com a preparação do aluno para tomar decisões responsáveis em relação ao seu contexto social, incluindo, dentre as questões que envolvem ciência e tecnologia, questões também ambientais. Neste sentido, é possível tratar a Educação Ambiental de forma transversal, perpassando pelas várias áreas do conhecimento e, sobretudo, exercer seu papel de cidadão, frente à grave crise econômica do capital e à crise ambiental pela qual todos nós passamos e somos atingidos, as quais são consequências, em grande medida, do mau uso da ciência e da tecnologia, conforme manifesta o professor João:

> [...] mesmo que eu não seja, por exemplo, professor de ciências, de biologia, professor de geografia, eu como professor de artes me sinto obrigado a falar sobre educação ambiental, não só porque eu estou num centro de referência, não só porque a legislação me obriga, mas porque a gente vive um momento caótico, um momento em que o grande capital avança, entra em crise e a crise cresce, mas a gente não consegue ver esse processo (PROFESSOR JOÃO).

No âmbito desta discussão, é impossível ignorar a questão da identidade cultural e do currículo escolar como pontos cruciais, os quais são mencionados várias vezes nas falas dos colaboradores da pesquisa, e revelam ser o currículo uma grande preocupação destes professores e um aspecto fundamental a ser considerado, se quisermos ressignificar o Ensino de Ciências e a Educação Ambiental em nossa escola.

Ainda sobre a questão curricular e a Educação Ambiental dentro deste contexto, o professor Sebastião refere que, a seu ver, o currículo é algo problemático em nossa escola, algo conflituoso na construção de nosso PPP e na efetivação das ações educativas no cotidiano escolar. Assim, o professor sugere " [...]Tem coisas que dependendo da série que vai ser trabalhada, do nível das crianças, temos que elencar como conteúdo para debate [...]. Ciência, Tecnologia e Sociedade, dá para discutir estes aspectos nestes temas. (PROFESSOR SEBASTIÃO).

Entendemos que ver o currículo pelos olhos do aluno significa essencialmente valorizar sua cultura, e não há como ressignificar a Educação Ambiental e o ensino de Ciências na perspectiva da formação cidadã sem se importar com a identidade dos alunos, como expressa o professor João:

> [...] foi um choque saber que eles tinham uma negação da cultura local, negação da sua realidade de ribeirinho. Então, a turma que eu assumi no ano passado, eles [os alunos] não achavam que tinha coisas boas em Cotijuba [...]. Porque eu não tenho como preservar uma coisa [com] que eu não me identifico. Se eu não tenho

esse processo de valorização comigo, se eu não me sinto valorizado enquanto pessoa, enquanto residente, enquanto cultura, eu não vou conseguir preservar nada (PROFESSOR JOÃO).

Percebemos que na manifestação do professor João no excerto acima, está o entendimento de que a consciência de pertencimento ao meio ambiente por parte dos alunos e o consequente envolvimento e compromisso cidadão destes com a causa ambiental está intimamente atrelado ao fortalecimento da identidade local e à valorização da autoestima destes alunos.

Como Freire (1996), consideramos que é preciso que os professores e a escola como um todo possam "respeitar os saberes com que os educandos, sobretudo os das classes populares, chegam a ela, saberes socialmente construídos na prática comunitária" (FREIRE, 1996, p.33).

O respeito às vivências e à cultura dos alunos é especialmente importante em comunidades marginalizadas e desrespeitadas quanto aos seus direitos fundamentais e ignoradas quanto à oportunidade de serem ouvidas e considerados como cidadãos que são, tais como são as comunidades ribeirinhas. Por esta razão, estes alunos geralmente têm sua autoestima comprometida. Por isso, desenvolver as ações educativas a partir da valorização da identidade desses estudantes é uma questão prioritária para conseguir tornar o ensino significativo para estes. Essas são questões das quais os professores investigados parecem estar conscientes e, portanto, sensíveis a respeito delas.

Incluir aspectos referentes à identidade cultural dos alunos em nossas aulas, fazendo interfaces entre as questões socio científicas e esta realidade cultural, reconstruindo um novo currículo em Ensino de Ciências e Educação Ambiental é uma árdua missão, construída tijolo a tijolo pelos profissionais da educação, que tenham ávido, em suas almas, o sonho de uma Educação que transforme e liberte, que consiga formar o cidadão que toma decisões, que participa, que intervém em sua própria realidade. Assim se expressa o Professor Sebastião:

Então, a gente vê que existe Educação Ambiental e existe Educação Ambiental diferente, e é essa que a gente está perseguindo porque essa do pacote, essa de só festejar não é a Educação Ambiental que vai mudar, vai transformar as pessoas. Então, eu tenho buscado um sentido para essa Educação Ambiental que a gente quer praticar (PROFESSOR SEBASTIÃO).

A percepção das diferentes "Educações ambientais" e a compreensão de que dependendo do modelo que se adote, obteremos diferentes resultados, desencadeia no professor a necessidade de "buscar" ou "construir" novos sentidos para a Educação Ambiental como também para o ensino de Ciências na escola, na qual trabalhamos, o que requer adotar novos paradigmas de ensino, com visões mais críticas como se mostram as perspectivas da Educação Ambiental Crítica e da Educação CTS no sentido de desenvolver um ensino de ciências cidadão. Encontramos nos temas socio científicos e nas interações discursivas decorrentes do trabalho pedagógico com estes temas em aulas de ciências no âmbito da Educação ambiental, infinitas possibilidades para a alfabetização científica e ao mesmo tempo para a alfabetização da língua materna, por meio do que denominamos de narrativas socio científicas, que se torna o terceiro princípio construído com os professores no decurso do processo de pesquisa-formação.

Narrativas socio científicas e interações discursivas: contribuições para a alfabetização científica e alfabetização da língua materna

Para alfabetizar alunos cientificamente, não basta formar detentores de conhecimentos científicos, mas, acima de tudo, é necessário formar cidadãos capazes de compreender e exercer práticas sociais que utilizam a linguagem científica, atuando, deste modo, criticamente nas questões globais e locais que envolvem ciência, tecnologia e questões sociais e ambientais mais próximas de seu cotidiano.

Partindo de nossa imersão na comunidade investigada, observamos que, apesar de a ilha ter o título de Área de Proteção Ambiental (APA), Cotijuba apresenta inúmeros problemas ambientais, sociais e econômicos, como lixo espalhado pelas ruas e jogado diretamente no rio, animais maltratados, poluição sonora, exploração sexual infantil, tráfico de drogas, desemprego, nenhum saneamento, dificuldade de transporte e de acessibilidade, falta de opções de lazer ou continuidade de estudos para os jovens, além de muitos outros problemas, sem a presença de políticas públicas efetivas por parte dos governos.

A ilha, como a maioria das outras que compõem mais de 60% do território da capital paraense, é sinônimo de isolamento social.

Percebemos um grande distanciamento entre o Ensino de Ciências e a realidade dos alunos em nossa escola, pelo fato deste ensino quase sempre estar desvinculado da cultura e realidade local dos alunos, o que é agravado pela falta de formação continuada nesta área, razão pela qual os professores sentem-se inseguros para ensinar ciências focando na pesquisa em Educação Ambiental de forma mais significativa e efetiva para seus alunos, mesmo estando prevista no projeto pedagógico da Escola. Ainda que expressem o desejo de fazer diferente e melhor, não sabem como, conforme manifesta o professor Sebastião em entrevista:

> Em termos de construção de conhecimento, fica mais difícil porque a gente não tem essa prática do conhecimento das ciências. Para mim, especificamente, como professor de ciências é um sacrifício também. Chega a ser um sacrifício, porque eu fico naquele meio termo de repetir o que tem no livro, sem compreensão de como se dá esse conhecimento e de tentar fazer uma reelaboração desse conhecimento com o perigo de estar ensinando errado (PROFESSOR SEBASTIÃO).

Para tentarmos superar, pelo menos em parte estas problemáticas, temos criado, e compartilhado com os professores e alunos a partir da interação com estes sujeitos da escola, nossos próprios materiais didático-pedagógicos, visto que a literatura e os materiais os produzidos para o trabalho em sala de aula, que abordem conhecimentos científicos contextualizados com a realidade cultural dos alunos, são incipientes, ou nunca chegam a nossas mãos, ou são inexistentes.

Entendemos, com Delizoicov; Angotti; Pernambuco (2011), que a tarefa docente é um processo complexo que inclui, concomitantemente, a construção da relação entre ensino/aprendizagem e o conhecimento culturalmente disponível, por isso lidar com a complexidade desta tarefa e realizar uma educação de fato transformadora exige do professor "construir instrumentos e aprofundar reflexões gerais e específicas sobre a prática, em plena prática" (DELIZOICOV; ANGOTTI; PERNAMBUCO, 2011, p.92). Devido a esta necessidade, buscamos aperfeiçoar, ao longo do tempo, nosso trabalho pedagógico, a partir das contações das histórias e narrativas infantis de criação própria, com o objetivo de desenvolver o ensino de ciências que corrobore com uma formação ambiental mais crítica.

Consideramos que a partir das narrativas que criamos sobre o contexto local no âmbito da educação ambiental científica é possível alfabetizar cientificamente, pois, partindo da abordagem de temas socio científicos do cotidiano dos estudantes, há condições de ir ampliando posteriormente o universo destes alunos com a introdução de conceitos e valores científicos comprometidos com um ensino de ciências cidadão. Sobre o processo de alfabetização científica das crianças dos anos iniciais do ensino fundamental, Carvalho (2013) afirma que este processo deve levar os alunos a se apropriarem gradativamente dessa cultura científica, adquirindo a argumentação científica, à medida que interagem com esta nova linguagem. A autora defende que:

> [...] não há expectativa de que os alunos vão pensar ou se comportar como cientistas, pois eles não têm idade, nem conhecimentos específicos, nem desenvoltura no uso das ferramentas científicas para tal realização. O que se propõe é muito mais simples-queremos criar um ambiente investigativo em sala de aula de ciências de tal forma que possamos ensinar (conduzir/mediar) os alunos no processo (simplificado) do trabalho científico para que possam gradativamente ir ampliando sua cultura científica, adquirindo, aula a aula, a linguagem científica [...] se alfabetizando cientificamente (CARVALHO; 2013, p.9).

Embora a Linguagem verbal seja importante nesse processo de alfabetização científica e os professores necessitem ter acesso a alternativas de materiais didáticos adequados para o trabalho de contextualização e problematização das questões socio científicas que ocorrem no mundo e em sua localidade, é óbvio que a alfabetização científica não se dá apenas por meio dos processos de leitura e escrita, pois, como afirma Carvalho(2013), as Ciências necessitam do uso das diversas linguagens como de figuras, tabelas, gráficos, linguagem matemática, dentre outras, a fim de poder expressar suas construções, por isso apenas a linguagem verbal não dá conta de comunicar o conhecimento científico.

Porém, é preciso integrar estas variadas linguagens para introduzir os alunos nos diversos modos de comunicação utilizados em cada disciplina. Deste modo, a autora defende que para introduzir os alunos na cultura científica é preciso introduzi-los nas diversas linguagens das Ciências, pois "ensinar Ciências é ensinar a falar Ciências" (LEMKE, 1997 apud CARVALHO, 2013, p.8) e isso é feito conduzindo os alunos da linguagem cotidiana à linguagem científica, por meio de cooperações e especializações entre estas diferentes linguagens.

Entendemos que incluir na contação de histórias, temas socio científicos, que são significativos para o contexto dos alunos, pode possibilitar discussões, debates e problematizações nas aulas de ciências, por meio de uma linguagem acessível às crianças, promovendo dentro de um ambiente interativo o engajamento e participação ativa dos alunos com questões socio científicas presentes em seu dia a dia, por meio de processos que Mortimer e Scott (2002) destacam como interações discursivas.

Sobre as interações discursivas que se estabelecem entre alunos e professores durante as aulas, os autores afirmam que nos últimos anos, devido à influência da psicologia sócio- histórica ou sociocultural na pesquisa em Educação em Ciências tem havido um crescente interesse sobre o processo de significação em salas de aula de ciências, multiplicando-se pesquisas nessa área que investigam como os significados são criados e desenvolvidos por meio do uso da linguagem e outros modos de comunicação e como os discursos e outros mecanismos retóricos têm sido utilizados para construir significados na educação em ciências, conforme autores como Lemke (1990); Sutton (1992); Halliday and Martin (1993); Scott (1998); Osborn et al (1996), Roychoudhury and Roth (1996); Van Zee and Minstrell (1997); Mortimer (1998); Kress et al (2002), mencionados pelos autores acima citados.

Nesse sentido, os autores destacam que essa nova perspectiva para a pesquisa em educação em ciências, desloca os estudos nessa área da visão individual dos estudantes, para a compreensão sobre a forma como os significados e entendimentos são desenvolvidos no contexto social da sala de aula. Por isso, muitas pesquisas nesse enfoque têm adotado teoricamente correntes como a sócio-histórica ou sociocultural, fundamentando-se nas ideias de Vygotsky (1993) sobre a construção de significados, onde se concebe que os conhecimentos são criados na interação social para, então, serem internalizados pelos indivíduos. Desta feita:

> [...] o processo de aprendizagem não é visto como a substituição das velhas concepções, que o indivíduo já possui antes do processo de ensino, pelos novos conceitos científicos, mas como a negociação de novos significados num espaço comunicativo no qual há o encontro entre diferentes perspectivas culturais, num processo de crescimento mútuo. As interações discursivas são consideradas como constituintes do processo de construção de significados (MORTIMER; SCOTT, 2002, p.2).

Embora seja cada vez mais aceita na comunidade científica a importância do discurso e da interação na construção de significados por parte dos alunos, Mortimer e Scott (2002) consideram que ainda é pouco conhecida a maneira como os professores dão suporte ao processo pelo qual os estudantes constroem significados em salas de aula de ciências, como essas interações são produzidas e ainda como os diferentes tipos de discurso podem auxiliar a aprendizagem dos estudantes. Analisando as intenções de professores de ciências em suas aulas com vista ao desenvolvimento de atividades discursivas e interações com seus alunos, os autores destacam a necessidade de criação de um problema para o engajamento intelectual e emocional dos estudantes, no desenvolvimento da "estória científica".

Sobre a relação entre o Ensino de Ciências e o processo de leitura e escrita, no ensino fundamental, Francalanza (1986; p.26-27) afirma que o propósito é:

> [...] contribuir para o domínio das técnicas de leitura e escrita, permitir o aprendizado dos conceitos básicos das ciências naturais e da aplicação dos princípios aprendidos às situações práticas; possibilitar a compreensão das relações entre ciência e sociedade e dos mecanismos de produção e apropriação dos conhecimentos científicos e tecnológicos; garantir a transmissão e a sistematização dos saberes e da cultura regional e local.

Compreendemos que existe no ato de contar histórias a potencialidade da ludicidade e da interação social entre alunos e professores, daí a importância do trabalho pedagógico que realizamos por meio das narrativas infantis, das rodas de contação de história e de conversa, a fim de contribuir com o desenvolvimento da linguagem oral e escrita de forma integrada com o Ensino de Ciências. Segundo Vygotsky (1984), para que o pensamento da criança evolua é preciso um elo mediador para que a criança interiorize os conceitos abstratos do mundo exterior e, dentre os principais artefatos de mediação entre o mundo e a criança, está a linguagem, a qual possibilita a interação social, visto que se aprende melhor nas trocas de experiência com os outros.

Considerações Finais

A partir das análises realizadas por meio desta pesquisa-formação, consideramos de suma importância no processo de Ensino-aprendizagem, a articulação entre letramento e Ensino de Ciências de maneira concomitante. Entendemos que em uma instituição como a nossa, o Ensino de Ciências Naturais possui uma importância ainda maior devido à estreita relação entre as Ciências Naturais e os temas referentes ao Meio Ambiente. No entanto, o ensino de Ciências deve estar pautado em visões mais críticas da Ciência e da Educação ambiental, a fim de conseguirmos cumprir a difícil tarefa de formar alunos para o exercício cidadão, sujeitos capazes de ler criticamente o mundo, aptos a tomar decisões socialmente responsáveis em relação às questões socio científicas que envolvem o meio ambiente. (SANTOS; MORTIMER, 2001).

Construir materiais didático-pedagógicos alternativos e problematizadores com abordagens mais críticas sobre o Ensino de Ciências e com uma linguagem acessível ao universo das crianças pequenas pode representar uma grande contribuição para subsidiar o trabalho dos professores que ensinam ciências nos primeiros anos do Ensino Fundamental, especialmente quando este material é fruto de discussões e debates com os professores, como temos feito nesta pesquisa em nossos encontros auto formativos com esses professores colaboradores, que são os profissionais que mais interagem com os alunos durante os processos de ensino-aprendizagem.

Produzir materiais didáticos nesta perspectiva requer familiaridade com as problemáticas locais, além de "tempo, de acesso à informação, de uma infraestrutura material para sua produção" (DELIZCOVIC, 2011, p.293), elementos que geralmente os professores de sala de aula não dispõem para poderem produzir seu próprio material didático. Por isso, compreendemos que iniciativas como a elaboração de um produto educacional composto por histórias criadas para o contexto local associadas aos conhecimentos científicos necessários para ampliar as aprendizagens sobre educação ambiental são válidas e vêm ao encontro da necessidade desses professores, tanto para ajudá-los a introduzir os alunos nessas discussões socio científicas, como também para familiarizar estes profissionais com tais questões, uma vez que, além da história criada para usar com os alunos, o material vem com um vídeo que discute princípios teórico-metodológicos sobre a Educação Ambiental crítica e o ensino de Ciências cidadão.

Referências

CARVALHO, A.M.P.DE. Ensino de ciências por investigação: condições para implementação em sala de aula. São Paulo: Cengoge Learning, 2013.p.1-21.

CHASSOT, Áttico; Oliveira, R.j. de. Ciência, ética e cultura na educação. São Leolpoldo: Ed. UNISINOS, 1998.

CONNELLY, F. M.; CLANDININ, D. J. Pesquisa narrativa. Uberlândia: EDUFU, 2011.

DELIZOICOV, D; ANGOTTI, J. A; PERNAMBUCO, M.M. Ensino de Ciências fundamentos e métodos. São Paulo: Cortez, 2011.

FAZENDA, Ivani. Praticas Interdisciplinares na escola. São Paulo: Cortez, 2011.

FRANCALANZA.H. O ensino de Ciências no primeiro grau. São Paulo: Atual, 1986.

FREIRE, Paulo. Pedagogia da autonomia: saberes necessários à prática educativa. São Paulo: Paz e terra, 1996.

GONÇALVES, T. V. O. Ensino de Ciências e Matemática: marcas da diferença. 2000. 275 f. Tese (Doutorado em Educação: Educação Matemática) — FE, Unicamp, Campinas (SP), 2000.

GUIMARÃES, M. EDUCAÇÃO AMBIENTAL CRÍTICA. In: Philippe P. L. (coord.). IDENTIDADE DA EDUCAÇÃO AMBIENTAL BRASILEIRA. Ministério do meio ambiente. Philippe Pomier Lairargues(coord.) Brasília: Ministério do Meio Ambiente, 2004, p.25-33.

GUIMARÃES, M. A formação de Educadores ambientais. 8ª ed. S.P: Papirus, 2012.

IMBERNÓN, Francisco. Qualidade do Ensino e formação do professorado uma mudança necessária. São Paulo: Cortez, 2016

LEFF, Enrique. Discursos sustentáveis. São Paulo: Cortez, 2010.

LOUREIRO, C.F.B; LIMA, J.G.DE . Educação ambiental e educação científica na perspectiva Ciência, Tecnologia e Sociedade (CTS): pilares para uma educação crítica. *Acta Scientiae*, v.11, n.1, p.88-100, jan/jun. 2009.

LOUREIRO, C.F.B; TORRES, J.R. Educação ambiental: dialogando com Paulo Freire. São Paulo: Cortez, 2014.

MORAES, R.; GALIAZZI, M. do Carmo. Análise textual discursiva. Ijuí: Ed.Unijuí, 2007.

MORIN, Edgar. Ciência com consciência. 3.ed. Rio de Janeiro: Bertrand Brasil, 1999.

MORTIMER, E.F. Uma agenda para a pesquisa em educação em ciências. Revista Brasileira de Pesquisa em Educação em Ciências, Porto Alegre, v.2, n.1,2002, p.36-59.

MORTIMER, E.F. SCOTT, P.H. Atividade discursiva nas salas de aula de ciências: uma ferramenta sociocultural para analisar e planejar o ensino. Investigações em Ensino de Ciências – V7(3), pp. 283-306, 2002.

SANTOS, W. L. P. dos; MORTIMER, E. F. Abordagem de aspectos socio científicos em aulas de ciências: possibilidades e limitações. Investigações em Ensino de Ciências – V14(2), pp. 191-218, 2009.

SANTOS, W. L. P. dos; MORTIMER, E. F. Uma análise de pressupostos teóricos da abordagem C-T-S (Ciência-Tecnologia-Sociedade) no contexto da educação brasileira. Ensaio-Pesquisa em Educação em Ciências, vol. 02, n. 2- dezembro, 2002.

SANTOS, W. L. P. dos; MORTIMER, E. F. Tomada de decisão para ação social responsável no ensino de ciências. Ciência & Educação, v.7, n.1, p.95-111, 2001.

SANTOS, W. L. P. dos; SCHNETZLER, R. P. Ciência e educação para a cidadania. In: CHASSOT, Áttico; Oliveira, R.J. de. Ciência, ética e cultura na educação. Ed. UNISINOS, São Leolpoldo, 1998, p. 255-270.

VYGOTSKY, L.S. A formação social da mente. São Paulo: Martins Fontes, 1984.

VYGOTSKY, L.S. Pensamento e linguagem. São Paulo: Martins Fontes, 1993.

Energia no Ensino de Ciências para os Anos Escolares Iniciais: uma proposta do ensino híbrido rotação por estações

Lêda Yumi Hirai
France Fraiha-Martins

Este artigo é recorte de uma pesquisa mais ampla, na qual desenvolvemos uma sequência de atividades voltadas para os anos escolares iniciais, utilizando a metodologia do Ensino Híbrido, na modalidade de Rotação por Estações, sobre o tema Energia. Tal sequência de atividades constitui uma prática de formação inicial de professores que atuarão nos anos iniciais do ensino fundamental, desenvolvida com alunos do curso de Licenciatura Integrada em Ciências, Matemática e Linguagens da Universidade Federal do Pará (UFPA). Para este texto, por sua natureza sintética, optamos por discutir dentre os três dias de atividades realizadas na proposta formativa completa (Dia Galileu, Dia Newton, Dia Marie Curie), o Dia Newton, contendo três estações planejadas e desenvolvidas por um grupo de licenciandos, a fim de discutir a proposta de ensino e sua contribuição para a formação dos estudantes da docência ali envolvidos.

Ademais, nessa prática formativa, assumimos a abordagem metodológica da simetria invertida na formação inicial de professores, na medida em que os licenciandos, na condição de alunos, vivenciaram uma prática de ensino de Ciências, ampliando o repertório de experiências sobre a docência, de modo a vislumbrar práticas semelhantes com seus futuros alunos. Segundo Fraiha-Martins (2014, p.144), "a Simetria Invertida torna-se um elemento fulcral na formação inicial docente, pois cria condições para que o futuro professor resgate as memórias de práticas de Ensino pelo qual está passando/passou na condição de estudante, permitindo-lhe buscar respostas sobre o que vai fazer com o *feito* do presente e do passado, podendo alcançar a elaboração de possibilidades de práticas diferenciadas de Ensino".

O Dia Newton em foco aborda o tema "FONTES ENERGÉTICAS: usos e seus impactos socioambientais" e está composto por três estações de trabalho: a Estação Rosa, a Estação Amarela e a Estação Verde. Os licenciandos desenvolveram, na condição de aluno, atividades presentes em cada estação e evidenciaram suas experiências, críticas e expectativas acerca da aprendizagem do conteúdo, da metodologia e dos recursos tecnológicos envolvidos. A simetria invertida, aplicada aqui, tem como intuito, apresentar maneiras de abordar o tema Energia e promover a reflexão dos licenciandos sobre tal proposta de ensino. Para Stecanela et. al. (2007), a simetria invertida está baseada em um processo de espelhamento ou vários espelhamentos, no qual, o (futuro) professor, atuando no papel de aluno apreende ou ressignifica o papel de professor.

Assumimos também Josso (2004), trazendo a discussão sobre o conhecimento e o saber-fazer, em que evidencia que devemos pensar na formação do ponto de vista do aprendente. A autora destaca que a experiência vivenciada por um indivíduo em uma prática de formação, pode ser capaz de resolver problemas. Segundo Josso (2004, p. 40), "se a aprendizagem experiencial é um meio poderoso de elaboração e integração do saber-fazer e dos conhecimentos, o seu domínio pode tornar-se um suporte eficaz de transformações".

Nessa perspectiva, consideramos ser necessário, em processos formativos dessa natureza, o favorecimento da tomada de consciência sobre a importância da dimensão pedagógica para a aprendizagem do conhecimento científico, envolvendo maneiras de elaborar e desenvolver o ensino. Para além disso, é desejável fazer com que o futuro professor possa vivenciar práticas de docência que potencializem conhecimentos específicos e pedagógicos, capazes de encorajá-lo futuramente a situações de ensino semelhantes.

Frente a essa perspectiva, é importante que o futuro professor se prepare para a inserção de tecnologias em sala de aula, já que, segundo Christensen, Horn e Staker (2013), vêm emergindo nas escolas formas híbridas de ensino, também conhecidas como modelos disruptivos que não seguem o modelo de sala de aula tradicional. Bacich, Neto e Trevisani (2015) expressam que, a variedade de recursos utilizados, dentre eles, vídeos, leituras, trabalhos colaborativos e individuais favorecem a personalização do ensino, já que nem todos os estudantes apresentam o mesmo modo de aprender.

Segundo Bacich, Neto e Trevisani (2015), o Ensino Híbrido[12] mescla o melhor dos dois mundos, o online e o offline da sala de aula, onde o aluno, de forma online, poderá ter acesso a inúmeros recursos digitais e fontes de informação, como materiais disponíveis em sites educacionais ou em outras plataformas digitais, que auxiliam o estudante a buscar, selecionar e analisar informações sobre os conteúdos em estudo.

Por estarmos tratando de um modelo de ensino híbrido, consideramos importante situar que existem outros modelos híbridos para além da "rotação por estações", nossa escolha para a prática em debate. Sobre esses modelos, é possível classificar em dois eixos. O primeiro refere-se à modalidade que não depende da sala de aula como conhecemos, são conhecidos como modelos disruptivos de ensino híbrido, por serem desenvolvidos de maneira, quase integralmente, online, com poucas interações físicas presenciais em sala. O segundo eixo, no qual esta pesquisa se situa, os alunos revezam entre atividades utilizando recursos digitais de modalidade online e atividades de ensino que ficam a critério do professor dentro de sala de aula (CHRISTENSEN, HORN, STAKER, 2013).

Os modelos considerados disruptivos de ensino híbrido são chamados de modelos Flex, A La Carte e Virtual Enriquecido, representando modalidades de ensino online com a colaboração de algum componente físico. Segundo Christensen, Horn, Staker[13] (2013, p.31), esses modelos "oferecem a nova tecnologia (o ensino online), mas muito pouco do que oferecem se parece com a antiga tecnologia (a sala de aula tradicional)".

Para esta pesquisa, por desenvolvermos um modelo de formação voltado para os anos escolares iniciais, e por trabalharmos de maneira presencial as atividades, optamos por modelos híbridos de ensino que integram modalidades de ensino em um roteiro fixo ou a critério do professor, lançando mão de recursos tecnológicos digitais ou de ensino online. Dentre essa perspectiva, temos, Laboratório Rotacional, Sala de Aula Invertida, Rotação Individual e Rotação por Estações.

Para a prática de Rotação por Estações, os alunos são organizados em grupos, que por sua vez se organizam em estações de trabalho. Os estudantes

---

12 É possível saber mais detalhadamente através do link https://youtu.be/w7oYOT7JrIw

13 Obra dos autores disponível nas referências deste artigo, pela qual é possível conhecer de forma detalhada cada modalidade citada neste texto.

precisam realizar tarefas de acordo com os objetivos a serem alcançados em cada estação. As atividades podem ser planejadas de variadas maneiras, com vários recursos didáticos. É importante lembrar que, por ser uma metodologia ativa, a rotação por estações prevê momentos em que os estudantes possam trabalhar de maneira colaborativa, assim como, momentos que possam realizar atividades individualmente. A quantidade de estações presentes no modelo varia com a disponibilidade de tempo, com os objetivos do professor e até mesmo com a quantidade de alunos.

Nesses termos, visando unir a metodologia da simetria invertida e o ensino híbrido rotação por estações, elaboramos o Dia Newton, com três estações, contendo atividades a serem cumpridas de maneira independente, ou seja, as estações funcionam de maneira separadas sem que uma dependa da outra, com o tema Energia, voltada para os anos iniciais. Portanto, assumimos aqui a seguinte questão de pesquisa: em que termos a proposta de rotação por estações e o uso de tecnologias digitais contribuem para a formação e docência em Ciências nos anos escolares iniciais? Objetivamos compreender os processos formativos vivenciados por futuros professores dos anos iniciais quando participam de uma prática de ensino híbrido no contexto do ensino de Ciências.

Percurso Metodológico

Esta investigação tem como base a Pesquisa Narrativa de Clandinin e Connely (2011), que nos mostram que este método tem a capacidade de reproduzir as experiências vividas e investigar sobre elas. Quando relatamos, conseguimos externalizar como vemos o mundo, assim como nos falam dele. Os autores trazem a *experiência* como ponto de partida para a compreensão do fenômeno educativo sobre o qual estamos investigando. Portanto, nos pautamos na investigação das experiências vividas pelos alunos de Licenciatura Integrada em Ciências, Matemática e Linguagens, de modo que, ao relatarem e refletirem sobre o vivido durante a prática formadora, possamos interpretar, analisar e construir novos sentidos e significados para este fenômeno educacional.

Dentre as várias etapas dessa pesquisa, tivemos a inserção primeira ao espaço formativo a ser realizada a investigação. Optamos por iniciar uma aproximação e acompanhar uma turma de alunos do curso de Licenciatura Integrada por um semestre letivo. Compreendemos, naquele momento, que o conhecimento prévio do espaço de formação docente e seu currículo era primordial para o planejamento da proposta de ensino de acordo com o contexto e a necessidade dos licenciandos. Ao fazer essas escolhas, consideramos estar atendendo as premissas da investigação narrativa e os cuidados que precisamos ter na entrada ao campo de pesquisa (CLANDININ e CONNELLY, 2011). Assim, é possível investigar a prática de formação inicial planejada de dentro da situação, interagindo com o contexto e os participantes da pesquisa, com os quais estamos envolvidos.

Para Clandinin e Connelly (2011, p. 115) é necessário a construção da intimidade entre pesquisador e participante, "a fim de fazer parte das histórias construídas ao longo da pesquisa, de se tornar parte de uma paisagem". Para os autores, o pesquisador precisa inserir-se em busca da compreensão das muitas narrativas que se inter-relacionam a cada instante e que apontam caminhos na compreensão do fenômeno educacional. Nessa perspectiva, de maneira coletiva com os estudantes, fizemos um levantamento mais detalhado sobre os conteúdos de ciências para os anos escolares iniciais, contidos na Base Nacional Comum Curricular[14] (BNCC) vigente no Brasil. O tema selecionado dentre as temáticas disponíveis foi Energia. É importante lembrar que, as atividades planejadas e desenvolvidas com os licenciandos, tinham por objetivo a formação desse futuro professor sobre questões que envolvam os conhecimentos científicos, bem como os conhecimentos pedagógicos para tal ensino, a ser posteriormente considerado para planejar aulas de Ciências com os futuros alunos dos anos iniciais.

Após a inserção ao ambiente de pesquisa, o convívio com os estudantes da Licenciatura Integrada e a escolha da temática, a etapa seguinte foi a produção das atividades de ensino de Ciências, agora por nós formadoras, cujo tema planejado para o Dia Newton foi, "FONTES ENERGÉTICAS: usos e seus impactos socioambientais". Dessa maneira ao planejar este dia com três estações e atividades, foi construído o plano docente para trabalhar o Dia Newton, cujos objetivos são: i) identificar e classificar diferentes tipos e fontes

---

14 A BNCC para o Ensino Fundamental objetiva-se, na área das Ciências da Natureza, desenvolver o letramento científico, envolvendo a capacidade de compreensão e interpretação do mundo natural, social e tecnológico, vigente a partir de 14 de dezembro de 2018.

(renováveis e não renováveis) e tipos de energia utilizados em residências, comunidades ou cidades; ii) discutir e avaliar as usinas de geração de energia elétrica, suas semelhanças e diferenças, seus impactos socioambientais; iii) e compreender como a energia chega e é utilizada em sua cidade, comunidade ou escola.

O Dia Newton foi planejado para ser realizado em um tempo de aula de 90 minutos, sendo dividido em 25 minutos para cada estação, totalizando 75 minutos para o desenvolvimento das atividades e 15 minutos para as orientações ou sínteses dos conhecimentos envolvidos. No entanto, havendo dúvidas durante o processo de realização das atividades, o professor pode fazer orientações específicas em cada estação e de acordo com as necessidades dos alunos.

Para este dia, foram pensadas e desenvolvidas três estações, a rosa, a amarela e a verde, cada estação apresentava o seu tema e os seus objetivos, bem como os recursos tecnológicos que seriam utilizados, sendo eles, jogos interativos, vídeos, charges e questionários. Na **estação rosa**, o tema foi "A consequência socioambiental da utilização de usinas como fontes energéticas". Para o desenvolvimento da tarefa foram selecionadas charges que estavam ligadas a uma fonte de energia, dentre elas, usinas hidrelétrica, eólica e nuclear. Tais charges constituíram-se em dispositivos para o desenvolvimento da criticidade em relação aos impactos socioambientais.

Figura 01: charges utilizadas na estação rosa

Fonte: imagens da autora

Para a realização da tarefa, os estudantes precisaram analisar as charges de modo a identificar e descrever quais os problemas socioambientais que são causados pelas usinas e que estão expostas nas charges. Além de trabalhar o aspecto visual da habilidade dos estudantes, as imagens os levaram à reflexão sobre aspectos que não estão explícitos. As respostas precisavam ser apresentadas na folha de anotação que estava junto com o material da estação.

Para a última tarefa, os licenciandos precisaram organizar as informações desenvolvendo uma tabela com três colunas, uma coluna para cada usina, evidenciando quais os impactos socioambientais identificados durante a análise das charges e a discussão em grupo. Com essas discussões os estudantes puderam desenvolver a integração de ideias e apresentaram visões diferentes de uma mesma imagem. Visões que, possivelmente, foram desencadeadas pelas vivências e experiências de cada um.

Na **estação amarela** o tema desenvolvido foi "Fontes e tipos de energia". Para iniciar a tarefa os licenciandos precisavam assistir a um vídeo, cujo link foi disponibilizado para facilitar o acesso.

Figura 02: vídeos e links para a atividade da estação amarela

Fonte: imagens das autoras

A partir dos vídeos, os alunos precisaram extrair e listar informações que definem e distinguem os diferentes tipos de energia em, renováveis e não renováveis. Para isso, foram dadas algumas questões que pudessem orientar os estudantes às informações desejadas, entre elas, temos: qual a definição de energia renovável e não renovável? Quais são as fontes de energia renovável que podemos encontrar no Brasil? Quais são as fontes de energia não renovável que podemos encontrar no Brasil?

Com os dados retirados dos vídeos, os licenciandos foram orientados a produzir um infográfico. Para tanto, era necessário organizar os dados de maneira visualmente acessível e com as informações em uma linguagem adequada. Para o desenvolvimento do material, foi feita uma pequena orientação de como criar um infográfico, bem como a disposição das informações. No entanto, fica a critério e criatividade do estudante o design e a configuração do material.

Figura 03: orientações para a construção do infográfico

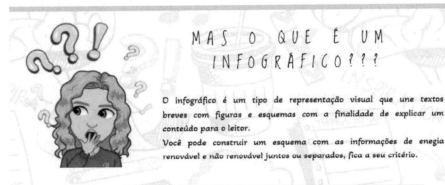

Fonte: imagens da autora

Já na **estação verde**, foi tratada especificamente as usinas hidrelétricas, por serem predominantes no território brasileiro. Esta estação também faz uso de um recurso audiovisual para iniciar as atividades e por conseguinte, os alunos passaram por uma atividade chamada "Jogo da energia: imagem e legenda", a fim de compreender quais as etapas e o processo de transformação de energia. Na figura abaixo apresentamos a capa, o link e o QRCode direcionado ao vídeo que está disponibilizado na plataforma do YouTube referente às etapas ocorridas na usina hidrelétrica.

Figura 04: vídeo sobre usina hidrelétrica

Fonte: imagens da autora

Após assistirem ao vídeo, os estudantes participaram de uma atividade que foi denominada de "Jogo da energia: imagem e legenda". Neste jogo, foram disponibilizadas imagens separadas sobre as etapas de produção de energia dentro das usinas hidrelétricas e, de modo aleatório, foram colocadas as legendas de cada etapa.

Figura 05: imagem do jogo de energia

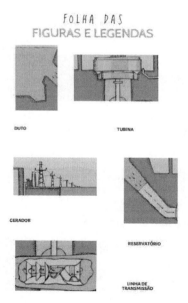

Fonte: imagens da autora

Para a atividade final, era necessário que os alunos recortassem as imagens e as associassem às legendas. No entanto, era necessário que a disposição das figuras estivesse na mesma ordem das etapas de produção de energia. Logo, era importante que estivesse claro para eles qual a sequência de funcionamento das usinas hidrelétricas.

Após os licenciandos vivenciarem a experiência formativa em questão, além de termos os registros das interações durante a prática realizada e as respectivas produções, realizamos entrevistas semiestruturadas, com a intenção de identificar não apenas o conhecimento adquirido, mas também quais foram os pontos importantes para a formação docente dos licenciandos, do ponto de vista deles. Para este recorte, destacamos as narrativas de 04 (quatro) licenciandos, sujeitos investigados, cujo critério de seleção foi a participação ativa durante a pesquisa e maior detalhamento nas manifestações sobre a prática vivenciada. São eles Adam, Mike, Lua e Mel.

Para a interpretação do material empírico produzido nesta pesquisa, utilizamos a metodologia da Análise Textual Discursiva (ATD). Para Moraes e Galiazzi (2007), a ATD é uma metodologia que exige do pesquisador uma imersão nos relatos dos sujeitos, com olhar atento e minucioso, a fim de que informações novas consigam ficar evidentes. Para Moraes e Galiazzi (2007), a ATD busca superar a fragmentação dos textos pesquisados, mas captando-os em sua totalidade. A categorização tende a perceber os discursos, não como um fenômeno isolado, mas levar em consideração um todo, que podemos visualizar como discursos (re)construídos num coletivo. Dentre duas categorias que emergiram no processo analítico da pesquisa mais ampla, optamos neste artigo por dar a conhecer a categoria que evidencia aspectos formativos que coexistiram por meio da prática de ensino híbrido de Ciências realizada com os estudantes, portanto, contribuindo para a aprendizagem da docência nos anos iniciais do ensino fundamental.

Ensino Híbrido de Ciências: potencializando autonomia, diversidade metodológica e o pensamento docente

Emergiram três (03) aspectos que nos auxiliaram a responder à questão principal de pesquisa e discutir sobre o ensino de Ciências na formação inicial de professores dos anos escolares iniciais. Entre eles temos, *autonomia individual e coletiva, a diversidade metodológica do Ensino Híbrido e a simetria invertida contribuindo para o desenvolvimento do pensamento docente.*

A proposta do ensino de Ciências pautado no ensino híbrido, na modalidade de rotações por estações, foi recorrente nas falas dos licenciandos, sendo enfatizado a dinâmica estabelecida na proposta bem como a utilização de algumas ferramentas tecnológicas.

O Licenciando Adam manifesta: *"eu gostei desse trabalho de grupo, fazê-los interagir, trocar e fazer vídeo é interessante".* Com isso, ele destaca em sua fala um ponto importante no modelo de rotação por estações que se refere à integração dos alunos, além do desenvolvimento do conhecimento e habilidade individual. Para Andrade e Souza (2016) estudantes que participam dessa proposta de ensino se desenvolvem em grupo, conforme expressa:

> O modelo de Rotação por Estações de Trabalho traz diversos benefícios, como: o aumento das oportunidades do professor de trabalhar com o ensino e aprendizado de grupos menores de estudantes; o aumento das oportunidades para que os professores forneçam feedbacks em tempo útil; oportunidade de os estudantes aprenderem tanto de forma individual quanto colaborativa; e, por fim, o acesso a diversos recursos tecnológicos que possam permitir, tanto para professores como para os alunos, novas formas de ensinar e aprender. (ANDRADE E SOUZA, 2016, p.8)

A licencianda Mel nos traz a seguinte reflexão: *"olhando para a atividade é muito interessante, porque acaba trabalhando a tríade, oralidade, leitura e escrita do aluno".* Mel se remete a um aspecto importante possível de ser explorado na modalidade de rotação por estações, que são as múltiplas inteligências que os alunos apresentam. Sendo assim, para Gardner et al (2010) na educação é fundamental assumir as diferenças entre os indivíduos apresentando diferentes metodologias de ensino para atingir os estudantes da melhor maneira de aprendizagem individual, ativando as combinações das inteligências por meio da pluralidade de abordagem, garantindo ao professor um resultado positivo ao maior número de estudantes.

É desejável que cada estação apresente um objetivo e uma habilidade a ser alcançada, tendo relação com a inteligência cognitiva a ser desenvolvida ou executada. Outro ponto interessante está relacionado com a autonomia do aluno durante as atividades. Mike relatou o seguinte: *"é uma sequência bem interessante, porque o aluno tem a possibilidade de construir o seu conhecimento"*, e a Lua explicita: *"nessa proposta, dá pra desenvolver a autonomia deles (os alunos), não é? É uma sequência que eu mesma usaria"*. Nesse sentido, para Galiazzi (2011, p.294) "os estudantes aprendem melhor quando estão manipulando, explorando, observando e discutindo, ou seja, quando estão verdadeiramente envolvidos no processo".

É notável que o Ensino Híbrido, na modalidade de Rotação por Estações, por se tratar de uma metodologia ativa, além de relacionado com o uso de tecnologias digitais como ferramenta para o ensino, também trabalha a autonomia do aluno no seu processo ensino-aprendizagem, já que ele se torna central no desenvolvimento do trabalho, estando o professor, na função de orientá-los.

Percebemos nas falas seguintes dos licenciandos que já existe uma preocupação em desenvolver as atividades quando se tornarem docentes, evidenciando outro ponto significante da pesquisa, a potencialidade da abordagem metodológica da *simetria invertida* na formação inicial de professores. Iniciamos essa categoria analítica evidenciando as narrativas dos estudantes que indicam o movimento que eles fazem de pensar como futuros professores ao estarem vivenciando as tarefas em uma dada estação.

A licencianda Lua fez o seguinte apontamento: *"precisa ver a questão da série que vai ser aplicada, os recursos que esses alunos têm também, dependendo da escola, nem todas têm esse recurso, nem todos os alunos tem recursos também, levar em conta o ambiente que tá sendo trabalhado"*. A preocupação sobre a série a ser trabalhada e as ferramentas utilizadas foi unânime. Os graduandos se mostraram muito preocupados em como e para qual turma dos anos iniciais deveriam desenvolver aquela proposta.

É possível inferir pelas narrativas dos sujeitos de pesquisa, que eles entenderam claramente sobre a proposta da simetria invertida, pois eles trazem um discurso de "como alunos, percebo que...", por outro lado eles falam, "como professor, pode ser que tenha uma outra postura...". Na fala do Adam, na entrevista do Dia Newton, ele diz: *"pra gente foi interessante, como aluno. A gente teve toda essa dinâmica de pegar o material, fazer a leitura. Os vídeos também facilitaram muito as atividades e, como aluno, essa aqui, já que a gente já teve um encontro antes, é diferente"*.

Durante a atividade foi interessante observar a interação que eles desenvolveram com o material e entre eles mesmos. Eles passavam sempre por um processo de reflexão, pensando constantemente em como desenvolver as tarefas na posição de aluno e complementando com as observações de futuros professores dos anos iniciais. Apesar de não estar explícito, no material distribuído a eles durante as estações, sobre a intencionalidade posterior de elaboração de um produto educacional, os licenciandos desenvolveram discursos similares acerca de suas opiniões sobre possíveis vivências em sala de aula, como docentes, se utilizassem práticas de ensino dessa natureza.

Além disso, Lua expressa: *"mas como professor dá pra utilizar em outras matérias"*. A futura professora evidencia que a simetria invertida promove o pensamento de que essa perspectiva não deve estar presente apenas para que seja reproduzido mais tarde na sua função de professor, mas sim aumentar as possibilidades de práticas diferenciadas de ensino em sala de aula nos anos iniciais. Logo, essa atividade sobre o tema energia pode ser adaptada e desenvolvida em diversas áreas, a Lua ainda complementa, *"eu achei a prática muito bacana, toda organização e dá pra aplicar e dá pra fazer com qualquer matéria, só adaptar"*.

Nesta etapa de simetria invertida, os sujeitos de pesquisa fizeram diversos movimentos de reflexão e prospecção sobre seus possíveis posicionamentos como professores, além de exercitar a criatividade e colocar em prática sua atividade como aluno no contexto do universo tecnológico-digital. Com isso, seguindo as proposições de Fraiha-Martins (2014), consideramos que futuros professores que vivenciam, na condição de licenciandos, um Ensino que busca desenvolver a criatividade, iniciação científica e ao mesmo tempo o letramento digital, possivelmente conseguirá desenvolver práticas diferenciadas de ensino de Ciências situadas no contexto e nas necessidades de seus alunos.

Considerações Finais

Tendo em vista os processos formativos que foram vivenciados e narrados pelos estudantes da graduação do curso de Licenciatura Integrada, é possível inferir que a proposta de ensino híbrido de Ciências para os anos iniciais do ensino fundamental apresenta grande potencial pedagógico mas também formativo para a futura docência.

São contribuições da proposta formativa de rotação por estações e uso de tecnologias digitais, com vistas às vivências pedagógicas pelos futuros professores que evidenciam possibilidades metodológicas, ferramentas digitais, além de levá-los a refletir sobre suas futuras práticas em sala de aula, no sentido de se prospectar dentro da sua carreira docente. Diante disso, os resultados revelam que o processo de reflexão sobre uma metodologia utilizada requer passar pela própria experiência teórico-metodológica, para que dessa maneira torne-se própria, capaz de permitir a construção de conhecimentos, dos pontos positivos e negativos, bem como de reconhecer os obstáculos durante a sua realização.

Frente a este cenário, a utilização do Ensino Híbrido para ensinar sobre o tema Energia nos anos iniciais escolares, na modalidade de rotação por estações, se mostrou algo novo para os estudantes e serviu de gatilho para o resgate de memórias dentro de suas vivências e estágios. A partir das falas foi perceptível a preocupação relacionada ao ambiente onde a prática poderia ser aplicada, bem como a maneira de condução das atividades, evidenciando o desenvolvimento do pensamento docente.

Referências

ANDRADE, M.C.F de, SOUZA DE, P. F. **Modelos de Rotação do Ensino Híbrido: Estações de trabalho e sala de aula invertida**. E-Tech: Tecnologias para Competitividade Industrial, Florianópolis, v. 9, n. 1, 2016. Disponível em file:///C:/Users/megatec/Downloads/773-2528-1-PB.pdf, acesso em 16/04/2020.

BACICH, Lilian; NETO, Adolfo Tanzi; DE MELLO TREVISANI, Fernando. **Ensino híbrido: personalização e tecnologia na educação**. Penso Editora, 2015.

CHRISTENSEN, C.; HORN, M.; STAKER, H. Ensino híbrido: uma Inovação Disruptiva? Uma introdução à teoria dos híbridos. **Clayton Christensen Institute for disruptive innovation**, 2013.

CLANDININ, D. Jean. CONELLY, F. Michael. **Pesquisa narrativa: experiências e história na pesquisa qualitativa**. Tradução: Grupo de Pesquisa Narrativa e Educação de Professores ILEEL/UFU. Uberlândia: EDUFU, 2011

FRAIHA-MARTINS, France. Significação do ensino de ciências e matemática em processos de letramento científico-digital. 2014. 189 f. **Tese (Doutorado)**

- Universidade Federal do Pará, Instituto de Educação Matemática e Científica, Belém, 2014. Programa de Pós-Graduação em Educação em Ciências e Matemáticas.

HIRAI, Lêda Yumi. **ENERGIA NO ENSINO DE CIÊNCIAS:** uma proposta formativa para futuros professores dos anos escolares iniciais. 2022. **Dissertação (Mestrado)** - Universidade Federal do Pará, Instituto de Educação Matemática e Científica, Belém, 2022. Programa de Pós-Graduação em Docência em Educação em Ciências e Matemáticas.

JOSSO, C. **Experiências de vida e formação**. São Paulo: Cortez. 2004.

MORAES, Roque; GALIAZZI, Maria do Carmo. **Análise textual: discursiva**. Editora Unijuí, 2007.

STECANELA, Nilda; SACRAMENTO, Eliana Maria Soares; ERBS, Rita Tatiana. A construção do professor reflexivo na EAD: um estudo sobre indicadores de 'simetria invertida'de 'transposição didática'. In: **13º Congresso Internacional de Educação a Distância**. 2007.

Proposta Formativa para "Formadores de Professores e Professores em Exercício" dos/nos Anos Iniciais do Ensino Fundamental

Marita de Carvalho Frade
Arthur Gonçalves Machado Júnior
Walkiria Teixeira Guimarães

A proposta formativa de um curso de *Formação Continuada para Professores que Ensinam Matemática nos anos iniciais do Ensino Fundamental* foi fruto de uma pesquisa[15] realizada com um grupo de 35 professores em exercício, egressos e ingressos do curso de Licenciatura Integrada em Educação em Ciências, Matemática e Linguagens – LIEMCI, do Instituto de Educação Matemática e Científica – IEMCI, da Universidade Federal do Pará – UFPA, com carga horária de 120h, estruturado em encontros presenciais (10h/cada) e, um encontro a distância (30h), no município de Ponta de Pedras, ilha do Marajó.

O intuito foi promover ambiente propicio de formação docente relacionadas ao ensino, aprendizagem e avaliação de geometria para os anos iniciais do Ensino Fundamental. Assim, não é nossa pretensão oferecer um método de formação para formadores, muito menos, um método de ensino para professores, nosso intuito é apresentar uma proposta, possibilidades de organização para o ensino, aprendizagem e avaliação, visando apoiar formadores de professores que atuem ou venham a atuar na formação de professores para o ensino de Geometria, bem como auxiliar professores e futuros professores na organização de seus ambientes de sala de aula referentes ao ensino, aprendizagem e avaliação da geometria escolar.

Entendemos que nosso movimento no que tange ao desenvolvimento de propostas visando possibilitar estratégias para formação de professores em especial professores dos anos inicias que ensinam matemática, segue caminhos

---

15 Disponível em: http://repositorio.ufpa.br/jspui/handle/2011/10502

preconizados na Base Nacional Comum Curricular (BNCC), homologada em 2017, na qual é pautado que para a efetivação de um ensino com qualidade é preciso ter atenção especial para a formação de professores, e fomentar políticas públicas que garantam formação continuada para ofertar aos professores aportes teóricos e práticos, com metodologias inovadoras que podem favorecer o ensino, a aprendizagem e avaliação, e assim melhorar as aprendizagens dos estudantes.

Proposta de Formação

O planejamento do curso foi estruturado para tornar os encontros um ambiente de aprendizagem agradável e propício à mobilização de conhecimentos, em especial, imbricados ao ensino de Geometria. Desse modo, foram organizadas, apresentadas e negociadas propostas de atividades práticas fundamentadas em aspectos teórico-práticos acerca do referido objeto de ensino para o trabalho formativo do professor, bem como, para o exercício em sala de aula com alunos dos anos iniciais do Ensino Fundamental. Os Quadros a seguir, relativos aos encontros presenciais, vão apresentar o planejamento dos encontros de formação ao longo do processo:

Quadro 01: Planejamento do primeiro encontro de formação (10h)

Horário	Atividades
8h-10h	• Acolhimento (Dinâmica 01) e apresentação geral da proposta do curso. • Roda de conversa sobre suas práticas de ensino de geometria nos anos iniciais (Dinâmica 02); • Dinâmica 03
10h-12h	• Apresentação de um modelo de plano de aula. • Atividade em grupo: Dividir a turma em grupos e solicitar que elaborem uma proposta de aula de geometria para os anos iniciais do Ensino Fundamental.
14h-16h	• Socialização das propostas: apresentação dos grupos. • Contribuições da professora formadora.
16h-18h	• Leitura e discussão do artigo do livro *Aprender a ensinar geometria* (LORENZATO, 2010). • Avaliação do dia de formação.

Fonte: Produto Educacional Frade (2017, p.6)
Disponível em: http://educapes.capes.gov.br/handle/capes/566443

Objetivos: Mapear os conhecimentos prévios dos professores colaboradores sobre o ensino de geometria, bem como sua organização para o ensino nos anos iniciais de escolarização; e, implementar uma discussão sobre o ensino-aprendizagem da geometria nos anos iniciais do Ensino Fundamental a partir dessas perspectivas.

Materiais: Computador; Projetor; Caixa de som; Cópias do texto *Aprendendo e ensinando geometria* (LORENZATO, 2010); Papel A4; Papel 40kg; e, Fita gomada.

Dinâmicas de formação

Dinâmica 01: *Brincadeira de infância (dentro e fora)*[16].

Nesta dinâmica os professores são provocados a refletir sobre o papel das brincadeiras (do lúdico) no/para o ensino de matemática. Em especial, essa dinâmica possibilita reflexões iniciais em relação a aspectos referentes à geometria topológica.

Dinâmica 02: *O que trago na bagagem?*

Nesta atividade a proposta tem como objetivo que os docentes externem suas expectativas no que se refere ao curso de formação proposto. Foi organizado um ambiente para que eles pudessem construir um painel integrado, em uma folha de papel A4, com suas expectativas escritas.

Dinâmica 03: *Batata Quente*[17]

Sugestões de perguntas (outras perguntas podem ser acrescentadas): *Qual a importância de se ensinar geometria nos anos iniciais do Ensino Fundamental? Qual a relação de vocês com os conteúdos de geometria que devem ser ensinados nos anos iniciais? Quais os desafios enfrentados, nas salas de aula de vocês, relacionados ao ensino de geometria? Como vocês organizam, para ensinar e avaliar, os conteúdos de geometria nos anos iniciais?* Os questionamentos podem apontar os saberes

---

16 Um grande círculo é desenhado no chão e a partir de um comando (dentro ou fora) os participantes são estimulados a se deslocar. À medida que erram o comando são impedidos de continuar na brincadeira, mas continuam participando do processo de reflexão.

17 Essa dinâmica consiste em uma bola de papel que passa de mão em mão enquanto uma música é ouvida. Assim que a música for interrompida, na mão do professor que a bola de papel parar, este responde a uma pergunta sorteada.

docentes sobre o conteúdo matemático, a organização didático-pedagógica e suas possíveis limitações teórico-prática a respeito do objeto de ensino.

Atividades de formação

Atividade 01: Elaboração em equipe de um plano de aula para uma turma dos anos iniciais do Ensino Fundamental, propondo situações didáticas que possibilitem o desenvolvimento de habilidades relacionadas à percepção do senso espacial por parte das crianças.

Atividade 02: A partir da atividade 01 solicitar que os membros dos grupos construam desenhos destacando os vários pontos de referência – a partir do trajeto de suas residências até o local onde estava ocorrendo o encontro de formação – e as principais representações das formas geométricas encontradas.

Avaliação do encontro[18]

A título de proposta os professores podem produzir narrativas reflexivas, orais ou escritas, referentes ao processo de estudo, com o propósito de favorecer a compreensão em relação aos indícios de aprendizagens oriundas do processo de formação (essa postura pode ser adaptada para sala de aula com os alunos, considerando o estágio de suas aprendizagens).

Quadro 02: Planejamento do segundo encontro de formação (10h)

Horário	Atividades
8h-10h	• Aproximação da organização curricular apresentada nos Parâmetros Curriculares Nacionais de Matemática (PCN) (BRASIL, 1977). • Discussão e socialização das ideias principais do texto.
10h-12h	• Leitura e discussão do texto *O Senso Espacial ou a geometria das crianças* (LORENZATO, 2006). • Discussão e socialização das ideias principais do texto.
14h-16h	• Atividade em grupo: Distribuir algumas tarefas para identificação das habilidades para percepção espacial. Construir uma atividade por grupo, pensada a luz das habilidades para percepção espacial. • Momento de estudo em grupo.
16h-18h	• Apresentação da atividade em grupo. • Construção do Diário de Formação. • Avaliação do dia de formação.

Fonte: Produto Educacional Frade (2017, p.8)
Disponível em: http://educapes.capes.gov.br/handle/capes/566443

---

18 Vamos apontar as narrativas reflexivas, o diário de estudo e o portfólio formativo, como instrumentos didático-pedagógico no qual os professores(as) vão poder utilizar como instrumentos capazes de registrar resenhas sobre os temas discutidos possibilitando avaliar indícios de aprendizagens oriundos do processo de formação.

Objetivos: Apresentar e refletir sobre a organização dos Parâmetros Curriculares Nacionais de Matemática de 1ª a 4ª séries para o ensino de geometria; e, apresentar e refletir sobre promover atividades que ampliem o senso espacial na perspectiva de desenvolver o pensamento geométrico.

Materiais necessários: Computador; Projetor; Caixa de som; Cópias do texto *O Senso Espacial ou a geometria das crianças* (LORENZATO, 2006).

Dinâmicas de formação

Dinâmica 01: *Batata quente*

Sugestões de perguntas (outras perguntas podem ser acrescentadas): *Quem conhece os Parâmetros Curriculares Nacionais de Matemática? Os Parâmetros Curriculares Nacionais de Matemática interferem nas suas práticas pedagógicas?*

Atividades formativas

Atividade 01: Esta atividade, intitulada *Pintar as Figuras semelhantes com a mesma cor*, tem como objetivo auxiliar no desenvolvimento da habilidade *constância de percepção/conservação de tamanho e forma*, ou seja, tem como objetivo possibilitar que a criança comece a perceber as semelhanças e as diferenças entre as figuras. Ao desenvolver essa habilidade, as crianças passam a reconhecer que um objeto possui propriedades invariáveis, como tamanho e forma, apesar das várias impressões que pode causar conforme o ponto do qual é observado. Uma pessoa com constância de percepção, ou constância de forma e tamanho, por exemplo, reconhecerá um cubo visto de um ângulo oblíquo como um cubo, embora os olhos colham uma imagem diferente quando o cubo é visto bem de frente ou de cima.

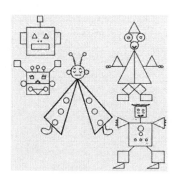

Fonte: http//praticaspedagogicas.com.br

Assim, a constância de percepção ajuda a pessoa a ajustar-se ao meio e dá estabilidade ao seu mundo, enfatizando a qualidade de permanência dos objetos em detrimento de sua aparência em mudança contínua à medida que se movem em relação ao observador.

Atividade 02: Esta atividade, intitulada *O Menino Observa Edifícios*, dá destaque à habilidade de percepção espacial. Na figura a seguir é possível perceber que o menino está em uma rua e tem uma visão diferente da de quem olha em outra posição (por exemplo, alguém que está na frente da tela do computador olhando a figura). Essa habilidade determina a relação de um objeto com outro e com o observador.

Fonte: http//praticaspedagogicas.com.br

A ausência dessa aptidão resulta em inversões, que constituem um dilema para as crianças/adultos, bem como para os educadores da área da Matemática no desenvolvimento de outras habilidades que dependem da percepção espacial.

Avaliação do encontro

A título de proposta os professores podem construir um diário de estudo ou portifólios formativos. Destacando dificuldades, bem como, aprendizagens a partir das novas ideias apresentadas/negociadas (essa postura pode ser adaptada para sala de aula com os alunos, considerando o estágio de suas aprendizagens).

Proposta Formativa para "Formadores de Professores e Professores em Exercício" dos/nos Anos...   225

Quadro 03: Planejamento do terceiro encontro de formação (10h)

Horário	Atividades
8h-10h	• Acolhimento dos colaboradores. • Apresentação da dinâmica *brincadeira para explorar as partes do corpo*. • Apresentação de slides e projeção de um vídeo sobre Piaget.
10h-12h	• Discussão sobre o vídeo. • Leitura e debate sobre o texto *Geo-Relações Topológicas*
14h-16h	• Leitura em grupo dos textos *Corpo e Espaço* (SMOLE, 2003).
16h-18h	• Análise de atividades sobre ensino de geometria. • Para casa: escrever uma experiência que tenha marcado sua vida como aluno ou professor, de preferência em relação ao ensino de geometria nos anos iniciais de escolarização. • Avaliação do dia de formação.

Fonte: Produto Educacional Frade (2017, p. 12)
Disponível em: http://educapes.capes.gov.br/handle/capes/566443

Objetivos: Dialogar sobre a teoria construtivista de Piaget na perspectiva do ensino – aprendizagem de geometria nos anos iniciais do Ensino Fundamental; e, apresentar aspectos teóricos, metodológicos e práticos sobre senso topológico.

Materiais necessários: Computador; Projetor; Caixa de som; Vídeo sobre o construtivismo de Piaget (Disponível em: video sobre o construtivismo de piaget - Bing video); Cópias do artigo *Geo-Relações Topológicas* (MURAKITAMI e FRANCO, 2008), Disponível em: 169-1-A-gt1_murakami_ta.pdf (unesp. br); Cópias do texto *Corpo e Espaço* (SMOLE, 2003).

Dinâmica de formação

Dinâmica 01: *As partes do corpo*[19]

Para dinamizar ainda mais a dinâmica proposta, pode ser solicitado aos professores/alunos que dancem a música *Boneco de lata*.

Atividades formativas

Atividade 01: Nesta atividade, intitulada *Como a fila continua?* A percepção de padrões e regularidades podem ser trabalhadas por meio de sequências. É uma habilidade relacionada à discriminação visual. Segue possibilidade de ilustração da atividade:

---

19   Nesta dinâmica os professores exploram as partes do corpo humano. Os professores podem se observar no espelho ou observar o corpo dos colegas. Em seguida, em duplas, o professor formador pode solicitar que toquem partes do corpo do colega, por exemplo, o joelho esquerdo.

Fonte: Figuras e Formas, Smole (2003)

O professor pode trabalhar essa habilidade pedindo aos alunos que façam uma fila obedecendo a seguinte arrumação: um aluno em pé e outro abaixado, um em pé o outro abaixado. Ou se quiser mudar o padrão pode arrumar uma criança de frente e outra de costa e assim por diante. Após esses arranjos, com intervenções do professor, caso seja necessário, os alunos podem desenhar as sequências/padrões construídos na atividade e refletir sobre essas organizações.

Atividade 02: Esta atividade, intitulada *Onde Estou*[20]? Permite ao aluno orientar-se em relação ao próprio corpo, aos objetos e outras pessoas. Segue possibilidade de ilustração da atividade:

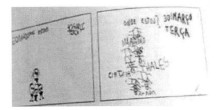

Fonte: Figuras e Formas, Smole (2003)

Sugestões de perguntas (outras perguntas podem ser acrescentadas): *Em relação a sua pessoa: Quem está à sua frente? Atrás de você ou do seu lado direito? Ou em relação a outra pessoa: Quem está sentado na frente de Pedro? Quem está sentado do lado direito de Ana? Ou ainda quem está sentado atrás de Paulo?*

Avaliação do encontro

A título de proposta os professores podem produzir narrativas reflexivas (orais ou escritas) e/ou portfólios[21] formativos, permitindo uma melhor

---

20 Para essa atividade o professor precisa de um espaço de convivência, que possibilite a implementar a dinâmica da atividade, como a sala de aula de seus alunos.

21 Mais informações acesse: Portfólio escolar do aluno: o que é, como fazer e exemplos (viacarreira.com).

Proposta Formativa para "Formadores de Professores e Professores em Exercício" dos/nos Anos...

percepção em relação aos indícios de aprendizagens oriundos dos processos de formação (essa postura pode ser adaptada para sala de aula com os alunos, considerando o estágio de suas aprendizagens).

Quadro 04: Planejamento do quarto encontro de formação (10h)

Horário	Atividades
8h-10h	• Acolhimento dos colaboradores. • Dinâmica: narrar um episódio que retrate o ensino de geometria nos anos iniciais do Ensino Fundamental. • Apresentar as habilidades e competências do bloco *Espaço e Forma* descritos nos PCN (BRASIL, 1977).
10h-12h	• Leitura e discussão do capítulo 10 do livro *Educação Infantil e Percepção Matemática* (LORENZATO, 2006). • Atividade em grupo: entregar duas atividades para cada grupo para serem analisadas e explicadas no momento seguinte.
14h-16h	• Elaborar, em grupos, atividades envolvendo o senso topológico e apresentar para a turma. • Estudo em grupo.
16h-18h	• Apresentação das atividades. • Avaliação do dia de formação.

Fonte: Produto Educacional Frade (2017, p. 15)
Disponível em: http://educapes.capes.gov.br/handle/capes/566443

Objetivos: Apresentar as habilidades e competências do bloco *Espaço e Forma* descritas nos PCN (BRASIL, 1997) para o desenvolvimento do pensamento geométrico; e, refletir sobre a construção do conhecimento espacial na perspectiva construtivista de Piaget.

Materiais necessários: Computador; Projetor; Cópias do texto *Senso Espacial retirado do livro Educação Infantil e Percepção Matemática* (LORENZATO, 2006). Cópias de itens retirados de avaliação externa Prova Brasil e/ou simulado estilo Prova Brasil.

Dinâmica de formação

A título de proposta os professores podem narrar episódios que retratem o ensino de geometria nos anos iniciais do Ensino Fundamental e socializar com os colegas.

Atividades formativas

Atividade 01: Distribuir itens retirados da Prova Brasil para sejam analisadas e socializados pelos professores(as) as habilidades e as competências mobilizadas em cada situação apresentada. Segue um dos itens apresentados (Disponível em: Simulado Prova Brasil de Matemática #2 - Hora de Colorir - Atividades escolares (ahoradecolorir.com.br):

Item 01: *Maria está olhando pela janela. O que ela vê à direita da estrada?*

(A) Um barco e uma casa.
(B) Um cachorro e uma casa.
(C) Uma árvore e um guarda-sol.
(D) Um surfista e um barco.

Atividade 02: Elaborar, em grupos, atividades[22] envolvendo o senso topológico e socializar, bem como negociar entre os professores possibilidades e inserção em sala de aula as produções.

Avaliação do encontro

A título de proposta os professores podem construir um diário de estudo ou portfólios formativos. Destacando dificuldades, bem como, aprendizagens a partir das novas ideias apresentadas/negociada (essa postura pode ser adaptada para sala de aula com os alunos, considerando o estágio de suas aprendizagens).

---

22 Sugestões: *Amarelinha*, que tem como objetivo explorar a lateralidade (direita, esquerda) por meio da brincadeira da amarelinha. A segunda sugestão de atividade é intitulada *Desenhar sua escola e sua vizinhança*, o aluno deve desenhar no centro da folha do caderno a sua escola e completa o desenho com o que tem na frente, do lado esquerdo, do lado direito e atrás da escola. Antes, porém, a professora precisa dar uma volta ao redor da escola. Por fim, a atividade *Corrida do Saci*, que tem como objetivo ensinar direita e esquerda para as crianças, favorecendo a coordenação de movimentos e o deslocamento espacial direcionado. O espaço que irão caminhar é delimitado na sala e de dois em dois as crianças fazem o percurso indo com uma perna e voltando com a outra conforme o comando do professor.

Proposta Formativa para "Formadores de Professores e Professores em Exercício" dos/nos Anos...

Quadro 05: Planejamento do quinto encontro de formação (10h)

Horário	Atividades
8h-10h	• Acolhimento • Organização do Painel Integrado • Leitura do texto: *A representação do espaço na criança, segundo Piaget: os processos mentais que conduzem à formação da noção do espaço euclidiano.*
10h-12h	• Questões do senso projetivo (Dividir a turma em cinco grupos e distribuir três questões para cada grupo. Resolver nos pequenos grupos e socializar as soluções no grupão)
14h-16h	• Socialização das atividades propostas e reflexão das análises apresentadas. • Vídeo do Chapeuzinho Vermelho. • Atividade individual: desenhar o itinerário da chapeuzinho vermelho apresentado no vídeo da referida personagem.
16h-18h	Socialização desses desenhos. Atividade a distância: desenhar a localização sugerida no texto entregue para a turma. Avaliação do dia de formação.

Fonte: Produto Educacional Frade (2017, p.18)
Disponível em: http://educapes.capes.gov.br/handle/capes/566443

Objetivos: Possibilitar a reflexão sobre a aprendizagem da geometria na perspectiva piagetiana; e, dialogar sobre a construção e ampliação do senso projetivo.

Materiais necessários: Computador; Projetor; Caixa de som; Papel 40kg; Fita gomada; Vídeo O chapeuzinho vermelho (disponível em: https://youtu.be/k8WImcqa64Q); Cópias do texto *A representação do espaço na criança, segundo Piaget: os processos mentais que a conduzem à formação da noção do espaço euclidiano* (MONTOITO e LEIVAS, 2012).

Dinâmica de formação: *Painel integrado*[23]

Nesta dinâmica de leitura, os professores em pequenos grupos, podem analisar o texto fazendo questionamentos e observações. Ao final todos passam a integrar um único grupo para a socialização e fechamento da discussão.

Atividades formativas

Atividade 01: Distribuir com a turma dividida em pequenos grupos, itens retirados da avaliação externa Prova Brasil (SEB/MEC) relacionadas ao senso

---

23 Mais informações acesse: Painel integrado | Ateliê de Educadores (atelierdeducadores.blogspot.com)

projetivo para que sejam analisados e posteriormente socializados pelo grande grupo. Segue um dos itens apresentados (Disponível em: (Microsoft Word - SITE_INEP_PROVA BRASIL - SAEB_MT_5\272ANO _OK):

Item 01: Considere, no exemplo abaixo, as posições dos livros numa estante:

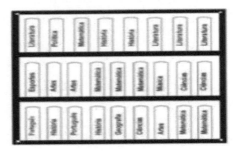

Você está de frente para essa estante. O livro de Música é o terceiro a partir da sua

(A) esquerda na prateleira do meio.
(B) direita na prateleira de cima.
(C) esquerda na prateleira de cima.
(D) direita na prateleira do meio.

Atividade 02: Solicitar aos professores(as) que desenhem a trajetória percorrida por Chapeuzinho Vermelho, após assistirem o vídeo. Segue possibilidade de ilustração da atividade:

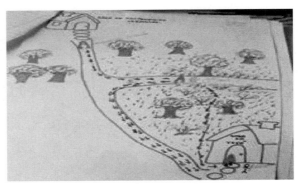

Fonte: Frade (2017, p.66)
Disponível em: http://repositorio.ufpa.br/jspui/handle/2011/10502

Nesta atividade, o objetivo é que os professores(as) observem o caminho percorrido pela personagem desde a saída da casa de sua mãe até a chegada à casa de sua avó e reproduzam em desenho o caminho verificando as relações espaciais existentes.

Avaliação do encontro

A título de proposta os professores podem produzir narrativas reflexivas, orais ou escritas, referentes ao processo de estudo, com o propósito de favorecer a compreensão em relação aos indícios de aprendizagens oriundas do processo de formação (essa postura pode ser adaptada para sala de aula com os alunos, considerando o estágio de suas aprendizagens).

Quadro 06: Planejamento do sexto encontro de formação (10h)

Horário	Atividades
8h-10h	• Acolhimento dos colaboradores. • Verificar os desenhos referentes ao texto encaminhado pela professora. • Elaboração das atividades sorteadas e entregues aos cinco grupos.
10h-12h	• Atividade 01: Desenho da sala de pontos diferentes. • Atividade 02: Croqui. • Atividade 03: Jogo eletrônico *Daqui pra lá e de lá pra cá* (Disponível em: Daqui pra lá, de lá pra cá (novaescola.org.br). • Atividade 04: Jogo de alfabetização geométrica. • Atividade 05: Mapa da praça da prefeitura.
14h-16h	• Socialização das atividades.
16h-18h	• Atividade a distância: Aplicar uma das atividades discutidas na oficina e construir um relatório descritivo sobre a aplicação dessa atividade em sala de aula com seus alunos. • Encerramento.

Fonte: Produto Educacional Frade (2017, p.21)
Disponível em: http://educapes.capes.gov.br/handle/capes/566443

Objetivos: Apresentar e refletir sobre a ampliação e a consolidação do senso projetivo; e, construir propostas de atividades para o ensino-aprendizagem de geometria nos anos iniciais do Ensino Fundamental.

Materiais necessários: Computador; Projetor; Jogos eletrônicos; Papel A4; Lápis de cor; Régua; Fita gomada; Embalagens.

Atividades formativas

Atividade 01: Nesta atividade, intitulada *Desenho da sala de pontos diferentes*, solicitar aos professores(as) que observem os lugares onde os colegas estão sentados em sala de aula, em seguida, a partir de um ponto fixo na sala, propor que façam um desenho projetivo da sala de aula. Segue possibilidade de ilustração da atividade:

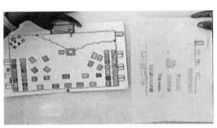

Fonte: Produto Educacional Frade (2017, p.22)
Disponível em: http://educapes.capes.gov.br/handle/capes/566443

Após isso o desenho é socializado e realizam uma discussão sobre os aspectos geométricos inerentes ao ensino de geometria.

Atividade 02: Nesta atividade, intitulada *Jogo de alfabetização geométrica*, disponível em: jogo de alfabetização geométrica - Bing images, solicitar aos professores(as) que reflitam sobre conhecimentos relacionados às figuras geométricas planas.

Avaliação do encontro

A título de proposta os professores podem construir um diário de estudo ou portfólios formativos. Destacando dificuldades, bem como, aprendizagens a partir das novas ideias/propostas apresentadas/negociadas no ambiente de formação.

Proposta Formativa para "Formadores de Professores e Professores em Exercício" dos/nos Anos...

Quadro 07: Planejamento do sétimo encontro de formação (10h)

Horário	Atividades
8h-10h	• Acolhida. • Apresentação do 4º encontro: Senso Euclidiano. • Roda de conversa sobre suas práticas de ensino de geometria euclidiana nos anos iniciais: fala dos professores.
10h-12h	• Leitura e discussão do texto *Figuras Planas e Espaciais: como trabalhar com elas nos anos iniciais do Ensino Fundamental?* (VIANA, 2014). • Socialização da discussão do texto. • Slides: Desenvolvimento do pensamento geométrico e Figuras tridimensionais e bidimensionais.
14h-16h	• Exposição e separação de embalagens: observar o conhecimento prévio dos professores em relação aos sólidos geométricos. • Planificação: observando as faces, arestas, vértices e nomenclatura.
16h-18h	• Visualização e representação geométrica. • Avaliação.

Fonte: Produto Educacional Frade (2017, p.23)
Disponível em: http://educapes.capes.gov.br/handle/capes/566443

Objetivos: Dialogar sobre aspectos teórico- metodológico relacionados ao ensino-aprendizagem da geometria na perspectiva do senso euclidiano, e refletir sobre as práticas de ensino de geometria euclidiana nos anos iniciais do Ensino Fundamental.

Materiais necessários: Computador; Projetor; Questionário investigativo dos conhecimentos prévios dos professores sobre o senso euclidiano: *Como você inicia suas aulas de geometria euclidiana? Que dificuldade você encontra para lecionar as figuras espaciais e planas? Ao observar as formas dos objetos as crianças aprendem geometria?* Embalagens de produtos (caixa de pasta de dente, de sapatos, caixas de bombons, etc.) Cópias do texto *Figuras planas e espaciais: como trabalhar com elas nos anos iniciais do Ensino Fundamental?* (Viana, 2014)

Dinâmica de formação: *Roda de conversa*

Espaço formativo em que os professores colaboradores, por meio dos seus relatos de experiência, podem refletir sobre suas práticas de ensino de geometria euclidiana nos anos iniciais de escolarização

Atividades formativas

Atividade 01: Observar as figuras e classificar em tridimensionais e bidimensionais! Para fomentar a discussão, solicitar que os professores(as) observem materiais manipuláveis referentes ao estudo e a partir deles possam comparar e diferenciar as formas geométricas planas e espaciais.

Atividade 02: Planificação com embalagens! Apresentar figuras geométricas tridimensionais e solicitar aos professores que planifiquem e observem aspectos como lado, vértice, aresta e áreas.

Avaliação do encontro

A título de proposta os professores podem construir um diário de estudo ou portfólios formativos. Destacando dificuldades, bem como, aprendizagens a partir das novas ideias apresentadas/negociadas (essa postura pode ser adaptada para sala de aula com os alunos, considerando o estágio de suas aprendizagens).

Quadro 08: Planejamento do oitavo encontro de formação (10h)

Horário	Atividades
8h-10h	• Slides: Sólidos geométricos. • Retomando conceitos: Poliedros, Polígonos, figuras geométricas.
10h-12h	• Objeto Protótipo. • Apresentação do material concreto: Blocos lógicos, Tangram e Geoplano.
14h-16h	• Atividades utilizando esses materiais. • Atividade 01: Competição de planificação de sólidos. • Atividade 02: Construir um mosaico com as peças do Tangram. • Atividade 03: Construção de polígonos no Geoplano.
16h-18h	• Atividade em grupos. • Socialização das atividades. • Atividade a distância. • Avaliação do dia.

Fonte: Produto Educacional Frade (2017, p.25)
Disponível em: http://educapes.capes.gov.br/handle/capes/56644

Objetivos: Abordar aspectos conceituais sobre figuras planas e espaciais; e, propor estratégias práticas didático-pedagógicas a partir do uso de materiais manipuláveis.

Materiais necessários: Computador; Projetor; Blocos lógicos; Tangram; Geoplano.

Atividades formativas

Atividade 01: Com os blocos lógicos sobre a mesa, solicitar que cada professores escolha dois blocos e preencha o quadro abaixo de acordo com as características dos sólidos escolhidos.

NOME DA FIGURA	Nº DE FACES	Nº DE VÉRTICES	Nº DE ARESTAS

Fonte: Produto Educacional Frade (2017, p.26)
Disponível em: http://educapes.capes.gov.br/handle/capes/566443

Atividade 02: Solicitar a um professor colaborador que construa figuras geométricas planas no Geoplano e posteriormente anuncie aos colegas propriedades, comuns ou não, dessas figuras! O restante do grupo deve avaliar se as propriedades estão corretas ou não, respondendo sim ou não. Por exemplo, tem lados paralelos? Tem lados perpendiculares? Os lados têm o mesmo tamanho? Segue possibilidade de ilustração da atividade:

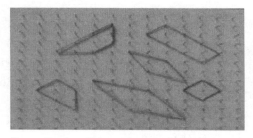

Fonte: Produto Educacional Frade (2017, p. 27.)
Disponível em: http://educapes.capes.gov.br/handle/capes/566443

Essas atividades oferecem possibilidades de resolver diversos tipos de problemas e, principalmente, gerar discussões sobre o trabalho com materiais manipuláveis nas aulas de matemática. As atividades com as peças do Tangram, por exemplo, podem auxiliar na percepção das diversas posições que as figuras podem ter sem que isso venha alterá-las quando giramos, ou seja, ao fazermos o movimento de rotação em uma figura, ela continua sendo a mesma.

Avaliação do encontro

A título de proposta os professores podem construir um diário de estudo ou portfólios formativos. Destacando dificuldades, bem como, aprendizagens a partir das novas ideias apresentadas/negociadas (essa postura pode ser adaptada para sala de aula com os alunos, considerando o estágio de suas aprendizagens).

Quadro 09: Planejamento do nono encontro de formação (10h)

Horário	Atividades
8h-10h	• Acolhida dos professores. • Roda de conversa.
10h-12h	• Compartilhamento das experiências: • Coelhinho sai da toca. • O que tem em volta da sua escola? • Foto de Ponta de Pedras. • Confecção das sete peças do Tangram.
14h-16h	• Socialização das práticas realizadas em sala de aula
16h-18h	• Continuação da Socialização das práticas. • Encerramento da Formação.

Fonte: Produto Educacional Frade (2017, p.27)
Disponível em: http://educapes.capes.gov.br/handle/capes/566443

Objetivos: Explorar, por meio de relatos dos professores colaboradores, os saberes mobilizados nos aspectos conceituais, procedimentais e atitudinais; e, compartilhar experiências docentes sobre suas práticas pedagógicas desenvolvidas em sala de aula com seus alunos dos anos iniciais do Ensino Fundamental no decorrer do processo formativo.

Dinâmica de formação: *Roda de conversa*

Momento em que os professores relatarão sobre suas práticas e suas expectativas para esse novo momento de formação. Realizar uma conversa sobre as expectativas e transformações pedagógicas resultantes dos encontros de formação.

Atividades formativas

Apresentar experiências das práticas pedagógicas desenvolvidas em sala de aula com os alunos dos anos iniciais do Ensino Fundamental.

Atividade 01: Neste relato de experiência um professor pode socializar uma atividade *Coelhinho sai da toca*, como no exemplo a seguir: a professora

Proposta Formativa para "Formadores de Professores e Professores em Exercício" dos/nos Anos...

levou a turma para o pátio da escola onde com um giz fez vários círculos no chão e em cada círculo ficava um aluno dentro, tinha um aluno que não tinha toca (círculo). Ao comando da professora *"Coelhinho sai da toca"*, os alunos teriam que sair de suas tocas e entrar em outra, quem ficar sem toca vai tentar recuperar em outro comando da professora. Essa brincadeira possibilita a compreensão sobre localização e movimentação no espaço.

Atividade 02: Neste relato de experiência o professor pode socializar uma experiência, *O que tem em volta da sua escola?* Ou propor levar a turma para fora da escola, estimulando que as crianças prestassem bem atenção no que havia dos lados, na frente e atrás da escola. Após identificarem esses espaços, volta-riam para sala de aula e para registrar através de desenho o que foi observado no passeio.

Avaliação do encontro

A título de proposta os professores podem realizar uma avaliação oral e escrita – narrativas, diários, portfólios – de todo o percurso formativo, refle-tindo sobre os conhecimentos teóricos, metodológicos e práticos mobiliza-dos nos momentos de negociações durante o curso. Em especial, é necessário colocar em foco os conhecimentos produzidos e os indícios de aprendizagens movimentadas durante todo o processo formativo em relação ao ensino, apren-dizagem, avaliação e formação docente no contexto da Geometria.

Considerações Finais

A proposta formativa construída e materializada no curso intitulado Formação Continuada em serviço para professores que ensinam matemática nos anos iniciais do Ensino Fundamental: pressupostos didático-pedagógicos para o ensino de geometria, configura-se como oportunidade para que for-madores e professores em exercício, possam construir conhecimentos signi-ficativos em relação a aspectos teóricos e práticos para o desenvolvimento do ensino, aprendizagem e avaliação de geometria nos anos iniciais do Ensino Fundamental.

Ressaltamos que não temos a pretensão de preencher todas as lacunas da formação inicial e continuada desses profissionais, até porque a formação e a autoformação de formadores e de professores são processos inacabados que necessitam "sempre" de construção e de reconstrução, um processo cíclico de retroalimentação. Dificuldades existem, mas estudos/pesquisas, em especial desse contexto, como é o caso dessa proposta, podem apontar caminhos para o enfrentamento das situações oriundas, principalmente, dos processos de ensino, aprendizagem e avaliação escolar, na perspectiva de oportunizar aos professores ferramentas que os ajudem a desenvolverem práticas que mobilizem os alunos a participarem de suas aprendizagens no que se refere ao objeto de conhecimento geometria.

Referências

BRASIL. Secretaria de Educação Fundamental. **Parâmetros Curriculares Nacionais: Matemática**. SEF (I). Brasília: MEC/ SEF, 1997.

BRASIL. Secretaria de Educação Fundamental. **Parâmetros Curriculares Nacionais: Matemática**. SEF (II). Brasília: MEC/ SEF, 1998.

BRASIL, BNCC. **Base Nacional Comum Curricular**: Disponível em; <http://portal. mec.gov.br. Acesso em: 28/12/2017.

LORENZATO, S. **Por que não ensinar Geometria?** Revista da Sociedade Brasileira de Educação Matemática, Blumenau, n. 4, p.3-13, jan./jun. 1995.

LORENZATO, S. **Educação infantil e percepção matemática**. Campinas: Autores Associados, 2006.

LORENZATO, S. **Para aprender matemática**. 3 ed. rev.– Campinas, SP: Autores Associados, 2010.

MONTOITO, R. LEIVAS. J. C. P. **A representação do espaço na criança, segundo Piaget: os processos mentais que a conduzem à formação da noção do espaço euclidiano**. VIDYA, v. 32, n. 2, p.21-35, jul./dez., 2012 - Santa Maria, 2012. ISSN 0104-270 X.

MURAKAMI, C. FRANCO, C. S. Relações Topológicas na Educação Infantil: o que conhece o professor? EBRAPEM/ UNESP, 2008. Disponível em: 169-1-A-gt1_ murakami_ta.pdf (unesp.br)

SMOLE, K. C. S. et all. **Figuras e Formas – Matemática de 0 a 6 anos**. Porto Alegre: Artmed, 2003.

VIANA, O.A. **Figuras Planas e Espaciais: como trabalhar com elas nos anos iniciais do ensino fundamental**. Salto para o futuro: Geometria no Ciclo de Alfabetização. TV Escola/MEC, Boletim 7, p. 23-30, set. 2014.

APRESENTAÇÃO DOS AUTORES

ANA CRISTINA PIMENTEL CARNEIRO DE ALMEIDA

Graduada em Educação Física pela Universidade Federal Rural do Rio de Janeiro (1984). Especializada em Psicologia dos Distúrbios de Conduta (1986) e em Psicomotricidade Relacional Sistêmica (1998). Mestre em Educação Física pela Universidade Federal de Santa Catarina (2000). Doutora em Ciências: Desenvolvimento Socioambiental pela Universidade Federal do Pará (2005). Atualmente, é Professora Efetiva do Instituto de Educação Matemática e Científica (IEMCI) da Universidade Federal do Pará. Atua na Faculdade de Educação Matemática e Científica (FEMCI), no Programa de Pós-Graduação em Educação em Ciências e Matemáticas (PPGECM) e no Mestrado Profissional em Docência em Educação em Ciências e Matemáticas (PPGDOC). Coordenadora do Grupo de Estudos em Ciência, Tecnologia, Sociedade e Ambiente (GECTSA). Coordena na graduação o Laboratório de Ensino de Atividades Lúdicas (LABLUD) e o Grupo de Estudos de Ludicidade (GELUD). Área de atuação na Educação Física: educação física escolar, didática e metodologia da educação física, bases teóricas e metodológicas do jogo, lazer e meio ambiente, educação ambiental, esportes de aventura. Área de atuação na Educação em Ciências e Temas/disciplinas: Meio Ambiente e Formação Docente, Estudo de Caso, Relações entre Ciência, Sociedade e Cidadania, Prática antecipada à docência em espaços não formais de ensino de ciências, matemática e linguagens, Tendências de pesquisa. Contato: anacrispimentel@gmail.com

ARTHUR GONÇALVES MACHADO JÚNIOR

Licenciado Pleno em Ciências com Habilitação em Matemática pela União das Escolas Superiores do Pará (1988/89), Mestre em Educação em Ciências e Matemáticas pela Universidade Federal do Pará (2005), Doutor em Educação em Ciências e Matemáticas pela Universidade Federal do Pará (2014) e, Pós Doutor em Psicologia da Educação Matemática pela

Universidade Estadual Paulista Júlio Mesquita - UNESP/Campus Bauru/SP (2022). É professor da UNIVERSIDADE FEDERAL DO PARÁ (UFPA) desde abril de 2010, situando-se atualmente na categoria de PROFESSOR ADJUNTO III. É docente/pesquisador do Programa de Pós-graduação em Docência em Educação em Ciências e Matemáticas (PPGDOC/IEMCI/UFPA) - Mestrado Profissional. Também é docente da Faculdade de Educação Matemática e Científica (FEMCI) no Curso de Licenciatura Integrada em Ciências, Matemática e Linguagens (LIECML) para os anos iniciais do Ensino Fundamental. Tem experiência na área de Educação Matemática e seu campo de pesquisa tem ênfase na Formação de Formadores Professores e na Formação de Professores, atuando principalmente nos seguintes temas: formação de formadores e de professores e processos de ensinar e aprender matemática na Educação Básica. Contato: agmj@ufpa.br

CLARA ALICE FERREIRA CABRAL

Doutoranda em Educação em Ciências e Matemáticas (PPGECM/UFPA). Mestre em Docência em Educação em Ciências e Matemáticas pela Universidade Federal do Pará – UFPA (PPGDOC). Especialista em Ensino de matemática pela Faculdade integrada Ipiranga (2013). Possui graduação em Matemática pela Universidade do Estado do Pará (2010). Tem experiência na área de Matemática, com ênfase em educação matemática. Dedica-se a pesquisar na área de educação matemática; formação de professores e ensino de geometria. Atualmente leciona Matemática na educação básica em escolas públicas da rede municipal em Belém e também na rede particular. Contato: cabral.1987@gmail.com

EDUARDO PAIVA DE PONTES VIEIRA

Graduado em Ciências Biológicas, Mestre e Doutor em Educação em Ciências e Matemáticas pela Universidade Federal do Pará. Professor do Instituto de Educação Matemática e Científica (IEMCI/UFPA) e Integrante do Grupo de Estudos em Filosofia e História das Ciências e da Educação. Atua no Curso de Licenciatura Integrada em Ciências, Matemática e Linguagem e no Programa de Pós-Graduação em Educação em Ciências e Matemáticas

(PPGECM). Atua na pesquisa em Filosofia da Ciência e Epistemologia da Biologia vinculada com a Área de Ensino, na pesquisa e problematização de Currículos e na Proposição e Avaliação de Materiais Didáticos para o Ensino de Ciências e Biologia. É Membro da Associação Brasileira de Pesquisa em Educação em Ciências (ABRAPEC) e da Associação Brasileira de Ensino de Biologia (SBEnBio). Atuou na Educação Básica pública e privada, no Mestrado Profissional em Docência em Educação em Ciências e Matemáticas da UFPA (PPGDOC) e na consultoria e gestão socioambiental de empresas. Na UFPA exerceu a Coordenação do Curso do Plano Nacional de Formação de Professores da Educação Básica no IEMCI (PARFOR-IEMCI), Direção Adjunta e Coordenação Acadêmica do IEMCI/UFPA, Instituto no qual é atualmente o Diretor Geral. Contato: eppv@ufpa.br

ELIAS BRANDÃO DE CASTRO

Licenciado em Ciências Naturais com habilitação em Química (UEPA-2005). Especialista em Transtorno do Espectro Autista (TEA): Intervenções Multidisciplinares em Contextos Intersetoriais (UEPA-2022). Mestre em Docência em Educação em Ciências e Matemática (PPGDOC/IEMCI/ UFPA). Doutorando em Educação em Ciências e Matemáticas (PPGECM/ IEMCI/UFPA). Desenvolve pesquisa na linha Formação de Professores com trabalhos voltados à docentes que ensinam ciências nos anos iniciais, formação em serviço na perspectiva Colaborativa e Movimentos formativos para promoção do Ensino de Ciências na perceptiva inclusiva. É professor da Educação Especial da Escola Municipal Nova República - Secretaria Municipal de Educação de Ananindeua – SEMED/ANANINDEUA. Contato: elias.b.castro@hotmail.com

ELIZABETH CARDOSO GERHARDT MANFREDO

Doutora e Mestre em Educação em Ciências e Matemáticas, Especialista em Educação e Problemas Regionais. Graduada em Pedagogia e Letras-Língua Portuguesa. Professora de ensino superior do Instituto de Educação Matemática e Científica (IEMCI-UFPA), atuando no ensino de graduação da faculdade de Educação Matemática e Científica (FEMCI), e no ensino de pós-graduação do Programa de Pós-graduação em Docência em Educação em Ciências e Matemáticas PPGDOC-UFPA. É membro do projeto de pesquisa "Letramentos e Inclusão na formação e na Prática de Professores dos Anos Iniciais do Ensino Fundamental" vinculado ao PPGDOC-UFPA. Contato: bethma@ufpa.br

ELSON SILVA DE SOUSA

Graduado em Ciências Biológicas, com especialização em Metodologia de Ensino pela Uniasselvi e em Ensino de Genética pela UEMA. Mestre em Docência em Educação em Ciências e Matemática pela UFPA e doutorando em Educação em Ciências e Matemática pela Rede Amazônica de Educação em Ciências e Matemática - REAMEC, na linha de pesquisa de Fundamentos e Metodologias para a Educação em Ciências e Matemática. Desenvolve estudos e pesquisas na área de Comunicação, Ensino e Aprendizagem em Biologia, Educação Ambiental e Etnobiologia. É professor do IFMA, Campus Buriticupu, onde atua na educação profissional técnica de nível médio, na Licenciatura em Biologia e no grupo de pesquisa em Ecologia e Conservação. Atuou como Coordenador de Área do subprojeto de Biologia do Programa Institucional de Bolsa de Iniciação à Docência e como Professor Formador no Programa de Formação de Professores da Educação Básica. Atualmente é diretor de Desenvolvimento Educacional do IFMA, Campus Buriticupu. Contato: elson.silva.es@gmail.com

ELZENI OLIVEIRA DA SILVA

Licenciada em Química (CESUPA). Mestre em Docência em Ciências e Matemáticas - (PPGDOC/UFPA). Docente do Instituto Federal de Educação, Ciência e Tecnologia do Pará (IFPA) e da Secretaria de Estado de Educação do Pará (SEDUC/PA). Contato: elzeni.silva@ifpa.edu.br.

EMÍLIA PIMENTA OLIVEIRA

Possui licenciatura em Letras pela UFPA (1990), mestrado em Linguística Aplicada ao Ensino de Línguas pela Universidade Federal do Pará

(1996) e doutorado em Linguística pela Pontifícia Universidade Católica do Rio Grande do Sul (2001). Atualmente, é Professora Titular da UFPA e coordena o Curso de Especialização em Ensino de Língua e Literatura nos Anos Iniciais e na Educação de Jovens e Adultos, Modalidade a Distância (UAB/CAPES/UFPA). Tem experiência nas áreas de ensino/aprendizagem de língua portuguesa como língua materna, ensino/aprendizagem de língua portuguesa como língua de acolhimento e como língua estrangeira, ensino/aprendizagem de francês língua estrangeira, revisão textual em língua portuguesa e tradução do português para o francês e do francês para o português. Contato: pimenta@ufpa.br

FELIPE FARIAS PANTOJA

Possui graduação em Licenciatura Plena em Matemática pela Universidade Federal do Pará (2005). Graduação em Licenciatura Plena em Ciências Naturais - Habilitação- Biologia pela Universidade do Estado do Pará (2006) e graduação em Licenciatura Plena Em Pedagogia pela Universidade Estadual Vale do Acaraú (2003). Atualmente é professor efetivo de Ciências Físicas e Biológicas no Ensino Fundamental na - Secretaria Municipal De Educação De Igarapé-Miri. Professor efetivo de Biologia no Ensino Médio na Secretaria de Estado de Educação do Pará. Mestre pelo Programa de Pós-Graduação em Educação em Ciências e Matemáticas/Concentração em Educação em Ciências (PPGDOC/UFPA). Contato: fariaspantoja2015@gmail.com

FRANCE FRAIHA MARTINS

Graduada em Tecnologia em Processamento de Dados (CESUPA). Especialista em Informática Educativa (CESUPA). Mestre e Doutora em Educação Ciências e Matemáticas - (PPGECM/UFPA). Professora Associada da Universidade Federal do Pará (UFPA), lotada no Instituto de Educação Matemática e Científica (IEMCI). Docente do Programa de Pós-Graduação em Educação em Ciências e Matemática (PPGCEM/REAMEC) e do Programa de Pós-Graduação em Docência em Educação em Ciências e Matemáticas (PPGDOC). Atua na linha de formação de professores e uso de tecnologias digitais de informação e comunicação. Contato: francefraiha@ ufpa.br

GLEYCE THAMIRYS CHAGAS LISBOA

Possui graduação em Licenciatura Plena em Ciências Naturais pela Universidade do Estado do Pará – UEPA (2009), graduação em Geografia pela Universidade do Estado do Pará (2015), mestrado em Educação em Ciências e Matemáticas pela Universidade Federal do Pará (2016). Atualmente é professora da educação especial pela Secretaria de Estado de Educação do Pará e professora da Secretaria Municipal de Educação de São Francisco do Pará. Doutoranda no Programa de Pós-Graduação em Educação em Ciências e Matemáticas. Participante do Grupo de Pesquisa Ruaké (Educação em Ciências, Matemáticas e Inclusão), do Programa de Pós-Graduação em Educação em Ciências e Matemáticas, da Universidade Federal do Pará. Contato: gleycethamirys@yahoo.com.br

HELEN DO SOCORRO RODRIGUES DIAS

Doutoranda em Educação pela Universidade do Estado do Pará (PPGED/UEPA). Possui Mestrado em Docência em Educação em Ciências e Matemáticas – PPGDOC/IEMCI/UFPA. Graduada em Biologia pela Universidade Estadual Vale do Acaraú (UVA). Especialista em Educação Especial na perspectiva da inclusão pela Faculdade Integrada Ipiranga. Professora Seduc-Pa. Integrante do Grupo de Estudo em Linguagens e Práticas Educacionais da Amazônia- GELPEA (CNPQ/UEPA). Contato: helensrdias@yahoo.com.br

ISABEL CRISTINA FRANÇA DOS SANTOS RODRIGUES

Doutora em Educação pela Universidade Federal do Pará (PPGED/UFPA). Possui Mestrado em Letras (Linguística) pelo Programa de Pós-Graduação em Letras (PPGL/UFPA). Graduada em Letras pela Universidade Federal do Pará. Especialista em Letras (UFPA) e em Neuropsicopedagogia com ênfase em inclusão (UCAM). É docente do Instituto de Educação

Matemática e Científica (IEMCI/UFPA) e dos Programas de Pós-Graduação em Letras (ProfLetras e PPGL). É líder do Grupo de estudo e pesquisa em Alfabetização, letramento e práticas docentes na Amazônia- GALPDA (CNPQ/UFPA). Contato: irodrigues@ufpa.br

JESUS CARDOSO BRABO

Doutor em Ensino de Ciências pela Universidade de Burgos (UBU, Espanha), Professor Associado do Instituto de Educação Matemática e Científica da Universidade Federal do Pará. Vem atuando em diferentes programas de formação de professores de Ciências e Química, dedicando-se a execução de diferentes projetos de ensino, pesquisa e extensão relacionados à aquisição e desenvolvimento de habilidades metacognitivas e a iniciação científica infantojuvenil. Contato: brabo@ufpa.br

LÊDA YUMI HIRAI

Possui graduação em Licenciatura em Ciências Naturais com Habilitação em Física pela Universidade do Estado do Pará (UEPA), especialista em Gestão Educacional e Docência do Ensino Básico e Superior pela Faculdade Estratego – PA e mestre em Docência em Educação em Ciências e Matemáticas pela Universidade Federal do Pará (UFPA). Tem experiência na área do Ensino de Ciências e Física e metodologias ativas para o Ensino de Ciências e tecnologias digitais para educação. Atualmente professora de ciências no Ensino Fundamental e Física no Ensino Médio. Contato: ledahirai16@gmail.com

MARITA DE CARVALHO FRADE

Mestrado em Docência em Educação em Ciências e Matemáticas com ênfase em Formação de professores para o Ensino de Ciências e Matemáticas pela Universidade Federal do Pará. Especialização em Educação Matemática pela Universidade Estadual do Pará. Graduação em Licenciatura Plena em Matemática pela Universidade Federal do Pará. Formadora no Curso de Formação Continuada pelo programa Pacto Nacional pela Alfabetização na

Idade Certa. Possui experiência com Docência no Ensino Superior- PARFOR e nos anos iniciais do Ensino Fundamental. Contato: maritafrade@gmail.com

MAURENN CRISTIANNE ARAÚJO NASCIMENTO

Possui graduação em Pedagogia com Licenciatura Plena em Educação pela Universidade Federal do Pará (2006), com ênfase em Administração, supervisão, oreintação e coordenação escolar. Especialista em Metodologia da Pesquisa Científica pela UEPA (2009). Mestre em Docência em Educação em Ciências e Matemáticas pela UFPA (2018). Tem experiência em sala de aula no Ensino Fundamental e Educação Infantil. Atualmente atua como professora do Centro de Referência em Educação Ambiental Escola Bosque professor Eidorfe Moreira na Educação Básica. Contato: maurennnascimento@gmail.com

MICHEL SILVA DOS REIS

(*IN MEMORIAM*) Graduação em Matemática pela Universidade Federal do Pará, especialização em educação matemática pela Universidade Federal do Pará, curso-técnico-profissionalizante pela Escola Técnica Estadual do Pará e mestrado-profissionalizante em Matemática pela Universidade Federal do Pará. Foi Professor de Matemática da Secretaria de Estado de Educação e Professor Colaborador da Universidade Federal do Pará. Desenvolveu experiência na área de Matemática. Atuou principalmente nos seguintes temas: Ensino e Aprendizagem, Matemática, Resolução de Problemas, WhatsApp.

NADIA MAGALHÃES DA SILVA FREITAS

Possui graduação em Nutrição pela Universidade Federal do Rio de Janeiro (1976), mestrado em Ciências (Microbiologia), pela Universidade Federal do Rio de Janeiro (1982), doutorado em Desenvolvimento Sustentável do Trópico Úmido - Núcleo de Altos Estudos Amazônicos, pela Universidade Federal do Pará (2008). Pós-doutorado em Ensino e Aprendizagem das Ciências, junto ao Programa de Pós-Graduação em Educação Científica e Tecnológica (PPGECT), da Universidade Federal de Santa Catarina (UFSC)

APRESENTAÇÃO DOS AUTORES

(2015/2016). Atualmente é professora da UFPA, com atuação no Instituto de Educação Matemática e Científica (IEMCI), junto à Licenciatura Integrada em Ciências, Matemática e Linguagens. Docente do Programa de Pós-Graduação em Educação em Ciências e Matemáticas e do Programa de Pós-Graduação em Docência em Educação em Ciências e Matemáticas. Contato: nadiamsf@yahoo.com.br

NÍVIA MAGALHÃES DA SILVA FREITAS

Bacharel em Medicina Veterinária pela Universidade Federal Rural da Amazônia (2007), Especialista em Microbiologia pela Universidade Federal do Pará (2012). Mestre em Saúde e Produção Animal na Amazônia (2012). Licenciada em Ciências Biológicas pelo Centro Universitário Leonardo da Vinci (UNIASSELVI - Pólo Belém) (2015). Doutora em Educação em Ciências pela UFPA (2017). Atuou como bolsista Capes como tutora à distância do Curso de Licenciatura em Ciências Biológicas, modalidade a distância (semipresencial) da Universidade Aberta do Brasil/UFRA (2021/2022). Também atuou como bolsista Capes de tutora à distância do Curso de Licenciatura em Ciências, Matemática e Linguagens, modalidade a distância (semipresencial) da Universidade Aberta do Brasil/UFPA (2022). Atualmente é Professora Substituta do Magistério Superior da Universidade Federal do Pará, do Instituto de Estudos Costeiros, Campus Universitário Bragança no tema Estágio Supervisionado e Práticas de Ensino. Atuando em cursos de graduação e pós-graduação. Contato: nivia.bio2015@gmail.com

OSVALDO DOS SANTOS BARROS

Doutor em Educação, na linha Educação Matemática. Atua como: professor adjunto da Faculdade de Ciências Exatas e Tecnológicas, no curso de Licenciatura em Matemática, do campus de Abaetetuba da UFPA, docente no Mestrado Profissional em Matemática em Rede Nacional –PROFMAT - Abaetetuba e no Programa de Pós-Graduação em Docência em Educação em Ciências e Matemáticas - PPGDOC - Na linha de pesquisas Ensino e Aprendizagem de Ciências e Matemática para a educação cidadã, educador na Educação do campo em projetos de formação de professores e na elaboração de materiais didáticos para a sala de aula, relacionando o conhecimento matemático escolar e as vivências das mulheres e homens do campo; Coordena o Laboratório de Ensino da Matemática da Amazônia Tocantina – LEMAT e organiza o site - http://www.osvaldosb.com, o canal do LEMAT GETNOMA, na plataforma You Tube, além de coordenar a marca Aquárius Assessoria e Formação, a partir da qual organiza produções literárias de cunho acadêmico e educativo. Contato: osvaldosb@ufpa.br

RUTE BAIA DA SILVA UBAGAI

Mestre em Educação na Linha de Pesquisa "Ensino e Aprendizagem de Ciências e Matemática para a Educação Cidadã" pelo Programa de Pós-graduação em Docência em Educação em Ciências e Matemáticas (PPGDOC) do Instituto de Educação Matemática e Científica (IEMCI), da Universidade Federal do Pará - UFPA. Possui Graduação em Licenciatura Plena em Pedagogia pela Universidade Federal do Pará (2000) e Especialização em Planejamento e Desenvolvimento Regional pela Universidade Federal do Tocantins (UFT). Atualmente compõe o quadro de professor AD-4 da Secretaria Executiva de Educação do Estado do Pará (SEDUC-PA) e Professor Licenciado Pleno na Secretaria Municipal de Educação de Belém (SEMEC-Belém). Tem experiência na área de Educação, Ensino e Aprendizagem atuando principalmente no seguinte tema: Educação Matemática; Ensino de Matemática e Formação de Professores que ensinam matemática. Membro do Grupo de Estudos e Pesquisas das Práticas Etnomatemáticas da Amazônia - GETNOMA, atuando na linha de pesquisa Formação de Professores da Educação Básica e participa do Projeto de Pesquisa: Letramentos Matemático e Científico na Formação e na Prática de Professores dos Anos Iniciais do Ensino Fundamental, vinculado ao PPGDOC-IEMCI. Contato: rute.ubagai@hotmail.com

TALITA CARVALHO SILVA DE ALMEIDA

Possui graduação em Licenciatura Plena em Matemática pela Universidade do Estado do Pará (2003). Graduação em Tecnologia em Processamento de Dados pelo Centro de Ensino Superior do Pará (2001).

Especialização em Sistemas de Banco de Dados pela Universidade Federal do Pará (2002). Mestrado em Educação Matemática pela Pontifícia Universidade Católica de São Paulo (2010). Doutorado em Educação Matemática pela Pontifícia Universidade Católica de São Paulo (2015). É professora da Universidade Federal do Pará, lotada no Instituto de Educação Matemática e Científica (IEMCI). Docente do Programa de Pós-Graduação em Docência em Educação em Ciências e Matemáticas (PPGDOC/UFPA). Tem experiência na área de Educação Matemática, com ênfase em Ensino e Aprendizagem de Matemática, Didática da matemática, Tecnologias e Meios de Expressão e Uso de Ambientes Computacionais para o Ensino de Matemática. Contato: talita_almeida@yahoo.com.br

TEREZINHA VALIM OLIVER GOLÇALVES

Possui graduação em Curso de Licenciatura em História Natural e em Ciências Biológicas pela Universidade Federal do Rio Grande do Sul (1975); especialização em Ecologia Humana pela Universidade do Vale do Rio dos Sinos (UNISINOS); Mestrado em Ensino de Ciências e Matemática pela Universidade Estadual de Campinas (1981) e doutorado em Educação pela Universidade Estadual de Campinas (2000), na linha de pesquisa "Ensino, Avaliação e Formação de Professores". É professora Titular da Universidade Federal do Pará, onde iniciou carreira em março de 1979. No mesmo ano criou o Clube de Ciências da UFPA. É pesquisadora na área de Educação em Ciências, atuando principalmente nas seguintes linhas de pesquisa: ensino e formação de professores, pesquisa narrativa e ensino com pesquisa. Coordenou o Programa de Pós-graduação em Educação em Ciências e Matemáticas, foi Diretora Geral do INSTITUTO DE EDUCAÇÃO MATEMÁTICA E CIENTÍFICA DA UFPA por dois mandatos consecutivos. Coordenou a elaboração da proposta de mestrado e doutorado PPGECEM, do PPGEDOC e da Licenciatura Integrada em Ciências, Matemática e Linguagens do IEMCI/UFPA, e do doutorado em REDE - PPGECEM/REAMEC. Coordena o POLO ACADÊMICO UFPA do doutorado da Rede Amazônica de Educação em Ciências e Matemática. Contato: tvalim@ufpa.br

WALKIRIA TEIXEIRA GUIMARÃES

Possui graduação em Licenciatura Plena em Matemática pela Universidade Federal do Pará (2017). Especialista em educação matemática para os anos iniciais da educação básica pelo Instituto de Educação Matemática e Científica- IEMCI da Universidade Federal do Pará. Mestranda em Docência em Educação em Ciências e Matemáticas pela Universidade Federal do Pará (PPGDOC/UFPA). Tem experiência na área de Matemática, com ênfase em Educação Matemática. Atualmente faz parte do quadro de funcionários da Secretaria Municipal de Educação de Maracanã, atuando como professora de matemática nos Anos Finais da Educação Básica e professora das turmas de Educação de Jovens e Adultos (EJA). Contato: walkiria.guimaraes@castanhal.ufpa.br

WILTON RABELO PESSOA

Licenciado em Ciências com Habilitação em Química pela Universidade Federal do Pará e Doutor em Educação em Ciências e Matemáticas (PPGECM/UFPA). Professor da Universidade Federal do Pará atuando no Instituto de Educação Matemática e Científica (IEMCI/UFPA). Professor do curso de Licenciatura Integrada em Ciências, Matemática e Linguagens. Professor do Programa de Pós-Graduação em Docência em Educação em Ciências e Matemática (PPGDOC/UFPA). Tem experiência na área de Educação em Ciências, atuando principalmente nos seguintes temas: Elaboração conceitual e linguagem em processos de ensino e aprendizagem de Química; Conhecimento Químico nos Anos Iniciais do Ensino Fundamental; Formação docente para os Anos Iniciais.Contato: wiltonrabelo@ufpa.br

Impresso na Prime Graph
em papel offset 75 g/m²
fonte utilizada adobe caslon pro
janeiro / 2024